現代数学社

ま え が き

本書は「ベクトル解析」の入門書である．「ベクトル解析」は数学，物理学のみならず，工学系の諸分野でも使われている応用の広い学問である．私自身が始めて「ベクトル解析」を学んだときの経験によれば，まず，そこに登場する勾配，回転，発散，微分作用素

$$\mathrm{grad},\ \mathrm{rot},\ \mathrm{div},\ \nabla,\ \Delta$$

の記号と，これら相互の関係公式の多さに驚かされ，さらに，Gauss の公式，Green の公式，Stokes の公式とその変形があって，これらを覚えるのが大変で，「ベクトル解析」は煩雑で難しい学問であると感じたものであった．やがて，多様体を学び，さらに，微分形式 ω とその外微分をとる操作 $\omega \to d\omega$ を知ると，上記の grad，rot，div，∇，Δ の算法はすべて外微分 d で統一され，Gauss-Green-Stokes の公式も 1 つの式

$$\int_{\partial V}\omega = \int_V d\omega$$

で表されることを知った．こうすれば，3 次元から一般次元の空間へ拡張されるばかりでなく，いわゆる古典的な「ベクトル解析」の理論の展開における気持悪さが解消されたと思ったものである．今では，「ベクトル解析」の本質（難しさ）は，解析的な面もさることながら，むしろ幾何学的な面にあるのではないかと思っている．

「ベクトル解析」の書は数多く出版されている．それらは，クラシックな書（応用を主としたもの）とモダンな書（理論を主としたもの）に大別され，この中間の書がないように思われる．初めに書いたように，本書は「ベクトル解析」の入門書であるので，本書には「多様体」の用語は現れない．そのために，理論の厳密性と完全性を本書に期待することはできない．理論の厳密性を追求し過ぎると，話が難しくなり，予備知識が多く必要となるし，見通しも悪くなるので，厳密性は必ずしも応用に適するとはいえないようである．そこで，その中間をとり，クラシック「ベクトル解析」からモダン「ベ

クトル解析」への橋渡しを本書で試みることにした．

いつも思うことに，数学と物理学で同じことを述べながら，用語や記号が異なることがある.「ベクトル解析」でもこの例にもれない，どこかで統一されることがあってもよいと思うのであるが，それぞれに歴史と伝統があるので，余り気にしないでもよいのかもしれない．世界に数多くの言語と習慣があるが，これが統一されてしまうと味わいが無くなってしまうように，用語，記号の問題は現状でもよいのではないかとも思う．要は学問の本質にあるのであって，用語，記号は慣れの問題に過ぎないからである．

本書を読むための予備知識を必要としないようにしたつもりではいるが，それでも，「ベクトル解析」を取り扱う以上，解析学の初歩知識を若干仮定せざるを得なかった．しかし，それも偏微分と重積分の初歩に限っているので，何の抵抗もなしに読んで頂けるものと思っている．どうか，読者が「ベクトル解析」へ興味をいだくことに本書が役立つことを心から願っている．

最後に，この原稿を読んで校正を手伝っていただいた佐藤隆衛，宿沢修両君に御礼申し上げる．

1994年1月31日　横　田　一　郎

目　次

第1章

ベクトル空間 $\boldsymbol{R}^3$

ベクトルとは，直観的には下図のような有向線分（これを矢線ベクトルともいう）のことである．ただし，向きと長さが同じである2つの有向線分は同じであるとみなしている．さて，ベクトルの始点が，空間 $\boldsymbol{R}^3$ の中の曲線 C，曲面 S または立体 V を動くとき，それらの状態や行動を調べるために，ベクトルを微分したり積分したりする必要がおこる．それが「ベクトル解析」であるといってよい．そこで，その準備として，「ベクトル解析」が行なわれる舞台となるベクトル空間 $\boldsymbol{R}^3$ の説明から始めよう．この章で述べるのは，その始点が原点にあるベクトルの話である．

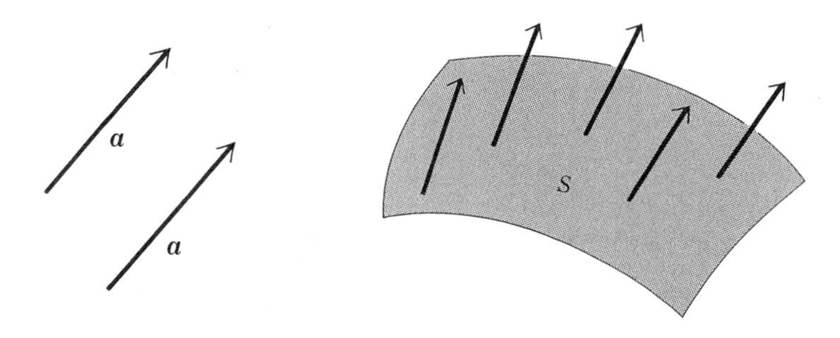

1.1 ベクトルの和とスカラー倍

以下，$\boldsymbol{R}$ で実数全体を表す．

1.1.1 定義　3つの実数 a_1, a_2, a_3 の組

$$\boldsymbol{a}=(a_1, a_2, a_3)$$

を**3次元ベクトル**（単に**ベクトル**，時には点）という．3次元ベクトル全体を $\boldsymbol{R}^3$ で表す．$\boldsymbol{R}^3$ において，2つのベクトル $\boldsymbol{a}, \boldsymbol{b}$ の**和** $\boldsymbol{a}+\boldsymbol{b}$ とベクトル $\boldsymbol{a}$ の**スカラー倍** $\lambda\boldsymbol{a}$ $(\lambda\in\boldsymbol{R})$ を，それぞれ，

$$(a_1, a_2, a_3)+(b_1, b_2, b_3)=(a_1+b_1, a_2+b_2, a_3+b_3),$$
$$\lambda(a_1, a_2, a_3)=(\lambda a_1, \lambda a_2, \lambda a_3)$$

で定義する．

1.1.2 命題　$\boldsymbol{R}^3$ における和 $\boldsymbol{a}+\boldsymbol{b}$ とスカラー倍 $\lambda\boldsymbol{a}$ に関し，次の(1)〜(8)が成り立つ．ただし，$(0,0,0)$ を $\boldsymbol{0}$ で表し，ベクトル $\boldsymbol{a}=(a_1, a_2, a_3)$ に対し，ベクトル $(-a_1, -a_2, -a_3)$ を $-\boldsymbol{a}$ で表している．

(1)　$\boldsymbol{a}+\boldsymbol{b}=\boldsymbol{b}+\boldsymbol{a}$

(2)　$(\boldsymbol{a}+\boldsymbol{b})+\boldsymbol{c}=\boldsymbol{a}+(\boldsymbol{b}+\boldsymbol{c})$　　　$\boldsymbol{a}, \boldsymbol{b}, \boldsymbol{c}\in\boldsymbol{R}^3$

(3)　$\boldsymbol{a}+\boldsymbol{0}=\boldsymbol{a}$

(4)　$\boldsymbol{a}+(-\boldsymbol{a})=\boldsymbol{0}$

(5)　$\lambda(\boldsymbol{a}+\boldsymbol{b})=\lambda\boldsymbol{a}+\lambda\boldsymbol{b}$

(6)　$(\lambda+\mu)\boldsymbol{a}=\lambda\boldsymbol{a}+\mu\boldsymbol{a}$　　　$\lambda, \mu\in\boldsymbol{R}$

(7)　$(\lambda\mu)\boldsymbol{a}=\lambda(\mu\boldsymbol{a})$

(8)　$1\boldsymbol{a}=\boldsymbol{a}$　　$(1\in\boldsymbol{R})$

すなわち，$\boldsymbol{R}^3$ は $\boldsymbol{R}$ 上のベクトル空間になっている．

証明　いずれも明らかである．

1.1.3 矢線ベクトル　ベクトル $\boldsymbol{a}=(a_1, a_2, a_3)$ に対し，原点 $\boldsymbol{0}=(0,0,0)$ を始点とし $\boldsymbol{a}$ を終点とする有向線分を引くことにより，ベクトル $\boldsymbol{a}$ を矢線ベクトルとみなすことができる．このとき，2つのベクトル $\boldsymbol{a}, \boldsymbol{b}$ の和 $\boldsymbol{a}+\boldsymbol{b}$ は，$\boldsymbol{a}, \boldsymbol{b}$ を2辺とする平行4辺形の対角線ベクトルであり，ベクトル $\boldsymbol{a}$ のスカラー倍 $\lambda\boldsymbol{a}$ は，矢線ベクトル $\boldsymbol{a}$ を λ 倍した矢線ベクトルのことである．逆に，原点 $\boldsymbol{0}$ を始点とする矢線ベク

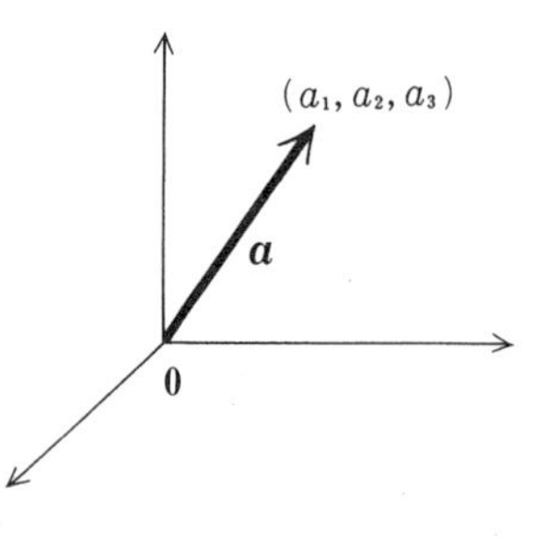

トルからベクトルをつくるには，矢線ベクトルの終点を対応させればよい．以上の操作は，零ベクトル $\mathbf{0}=(0,0,0)$ には通用しない．すなわち，ベクトル $\mathbf{0}=(0,0,0)$ は矢線ベクトルで表示することができない．これでは困るというわけで，原点 $\mathbf{0}$ も**零矢線ベクトル**と称して，矢線ベクトルとみなすことがある．

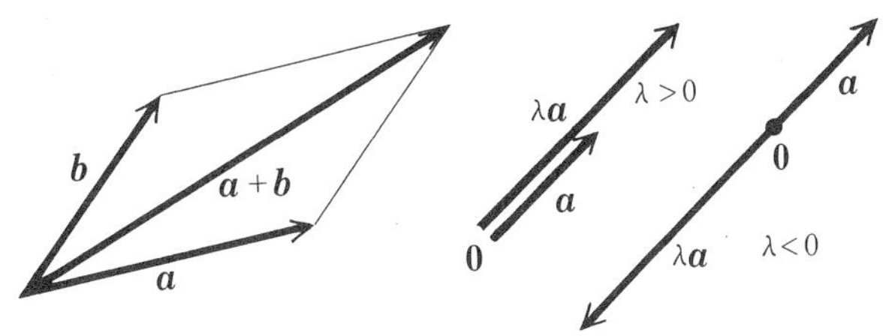

1.1.4　$\boldsymbol{R}^3$ において

$$\boldsymbol{e}_1=(1,0,0),\quad \boldsymbol{e}_2=(0,1,0),\quad \boldsymbol{e}_3=(0,0,1)$$

とおくと，任意のベクトル $\boldsymbol{a}=(a_1,a_2,a_3)$ は

$$\boldsymbol{a}=a_1\boldsymbol{e}_1+a_2\boldsymbol{e}_2+a_3\boldsymbol{e}_3$$

と１通りに表される．この $\boldsymbol{e}_1, \boldsymbol{e}_2, \boldsymbol{e}_3$ を $\boldsymbol{R}^3$ の**標準基**という．ベクトル解析では，$\boldsymbol{e}_1, \boldsymbol{e}_2, \boldsymbol{e}_3$ をそれぞれ $\boldsymbol{i}, \boldsymbol{j}, \boldsymbol{k}$ で表している．したがって，上記の表示は

$$\boldsymbol{a}=a_1\boldsymbol{i}+a_2\boldsymbol{j}+a_3\boldsymbol{k}$$

となるが，本書ではこの表示を用いなくて，殆んどの場合 $\boldsymbol{a}=(a_1,a_2,a_3)$ の表示を用いている．

1.2　ベクトルの内積と長さ

空間 $\boldsymbol{R}^3$ にベクトル $\boldsymbol{a}, \boldsymbol{b}, \boldsymbol{c}, \cdots$ が与えられたとき，それらの相互の関係を知りたいという要求が生ずる．そのために，ベクトル $\boldsymbol{a}$ の長さと，２つのベクトル $\boldsymbol{a}, \boldsymbol{b}$ のなす角を定義して調べることになる．

1.2.1 定義　ベクトル $\boldsymbol{a}=(a_1,a_2,a_3)$，$\boldsymbol{b}=(b_1,b_2,b_3)$ に対し，実数 $(\boldsymbol{a},\boldsymbol{b})$ を

$$(\boldsymbol{a},\boldsymbol{b})=a_1b_1+a_2b_2+a_3b_3$$

で定義し，これを $\boldsymbol{a}, \boldsymbol{b}$ の**内積**という．

1.2.2 命題　ベクトルの内積に関し，次の(1)〜(5)

(1)　$(\boldsymbol{a}, \boldsymbol{b})=(\boldsymbol{b}, \boldsymbol{a})$

(2)　$(\boldsymbol{a}, \boldsymbol{b}+\boldsymbol{c})=(\boldsymbol{a}, \boldsymbol{b})+(\boldsymbol{a}, \boldsymbol{c})$　　　$\boldsymbol{a}, \boldsymbol{b}, \boldsymbol{c}\in\boldsymbol{R}^3$

(3)　$(\lambda\boldsymbol{a}, \boldsymbol{b})=\lambda(\boldsymbol{a}, \boldsymbol{b})=(\boldsymbol{a}, \lambda\boldsymbol{b})$　　　$\lambda\in\boldsymbol{R}$

(4)　$(\boldsymbol{a}, \boldsymbol{a})\geqq 0$

(5)　$(\boldsymbol{a}, \boldsymbol{a})=0 \iff \boldsymbol{a}=\boldsymbol{0}$

が成り立つ．

証明　いずれも容易である．

1.2.3 定義　ベクトル $\boldsymbol{a}=(a_1, a_2, a_3)$ に対し，$|\boldsymbol{a}|$ を

$$|\boldsymbol{a}|=\sqrt{(\boldsymbol{a}, \boldsymbol{a})}=\sqrt{{a_1}^2+{a_2}^2+{a_3}^2}$$

で定義し，これを $\boldsymbol{a}$ の**長さ**（**大きさ**，または**ノルム**）という．

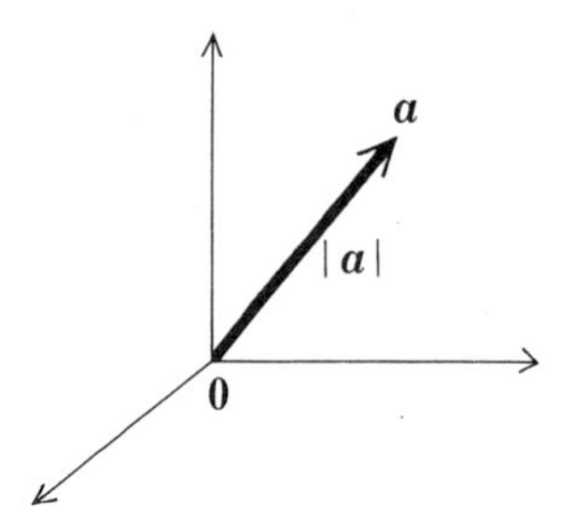

1.2.4 命題　ベクトルの長さに関し，次の(1)〜(5)

(1)　$|\boldsymbol{a}|\geqq 0$

(2)　$|\boldsymbol{a}|=0 \iff \boldsymbol{a}=\boldsymbol{0}$　　　$\boldsymbol{a}, \boldsymbol{b}\in\boldsymbol{R}^3$

(3)　$|\lambda\boldsymbol{a}|=|\lambda||\boldsymbol{a}|$　　　$\lambda\in\boldsymbol{R}$

(4)　$|(\boldsymbol{a}, \boldsymbol{b})|\leqq|\boldsymbol{a}||\boldsymbol{b}|$　　　(**Cauchy-Schwarz の不等式**)

(5)　$|\boldsymbol{a}+\boldsymbol{b}|\leqq|\boldsymbol{a}|+|\boldsymbol{b}|$　　　(**3 角不等式**)

が成り立つ．

証明　(1),(2),(3)は明らかである．

(4)　$\boldsymbol{a}=(a_1, a_2, a_3)$，$\boldsymbol{b}=(b_1, b_2, b_3)$ とするとき，

$$\begin{aligned}(|\boldsymbol{a}||\boldsymbol{b}|)^2-(\boldsymbol{a}, \boldsymbol{b})^2 &=({a_1}^2+{a_2}^2+{a_3}^2)({b_1}^2+{b_2}^2+{b_3}^2)-(a_1b_1+a_2b_2+a_3b_3)^2\\ &=(a_2b_3-b_2a_3)^2+(a_3b_1-b_3a_1)^2+(a_1b_2-b_1a_2)^2\geqq 0\end{aligned}$$

となる．よって，$|\boldsymbol{a}||\boldsymbol{b}| \geqq |(\boldsymbol{a}, \boldsymbol{b})|$ を得る．

(5)
$$
\begin{aligned}
|\boldsymbol{a}+\boldsymbol{b}|^2 &= (\boldsymbol{a}+\boldsymbol{b}, \boldsymbol{a}+\boldsymbol{b}) \\
&= (\boldsymbol{a}, \boldsymbol{a})+(\boldsymbol{a}, \boldsymbol{b})+(\boldsymbol{b}, \boldsymbol{a})+(\boldsymbol{b}, \boldsymbol{b}) \\
&= |\boldsymbol{a}|^2+2(\boldsymbol{a}, \boldsymbol{b})+|\boldsymbol{b}|^2 \\
&\leqq |\boldsymbol{a}|^2+2|\boldsymbol{a}||\boldsymbol{b}|+|\boldsymbol{b}|^2 \qquad \text{((4)による)} \\
&= (|\boldsymbol{a}|+|\boldsymbol{b}|)^2
\end{aligned}
$$

より，$|\boldsymbol{a}+\boldsymbol{b}| \leqq |\boldsymbol{a}|+|\boldsymbol{b}|$ を得る．

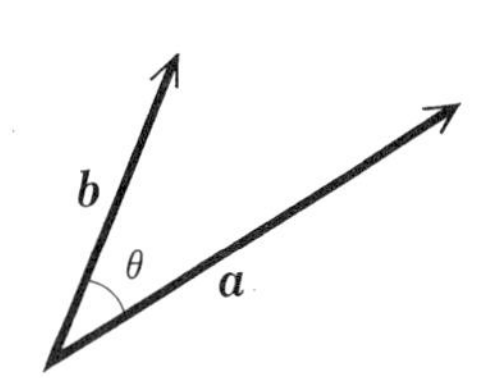

1.2.5 定義　$\mathbf{0}$ でない2つのベクトル $\boldsymbol{a}, \boldsymbol{b}$ に対し，$\left(\text{Cauchy-Schwarz の不等式} |(\boldsymbol{a}, \boldsymbol{b})| \leqq |\boldsymbol{a}||\boldsymbol{b}| \text{ より } -1 \leqq \dfrac{(\boldsymbol{a}, \boldsymbol{b})}{|\boldsymbol{a}||\boldsymbol{b}|} \leqq 1 \text{ となるので}\right)$，

$$
\cos\theta = \frac{(\boldsymbol{a}, \boldsymbol{b})}{|\boldsymbol{a}||\boldsymbol{b}|}, \qquad 0 \leqq \theta \leqq \pi
$$

を満たすθを，$\boldsymbol{a}, \boldsymbol{b}$ のなす**角**という．

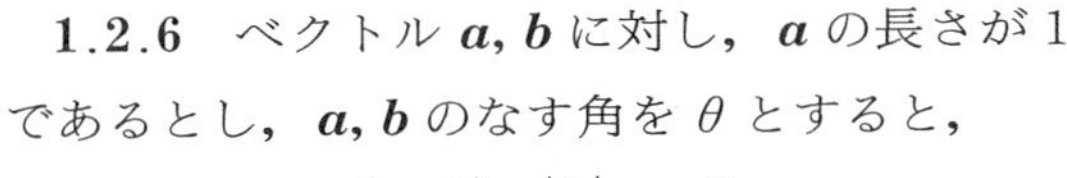

1.2.6　ベクトル $\boldsymbol{a}, \boldsymbol{b}$ に対し，$\boldsymbol{a}$ の長さが1であるとし，$\boldsymbol{a}, \boldsymbol{b}$ のなす角を θ とすると，

$$
(\boldsymbol{a}, \boldsymbol{b}) = |\boldsymbol{b}|\cos\theta
$$

となる．これより，内積 $(\boldsymbol{a}, \boldsymbol{b})$ は，ベクトル $\boldsymbol{b}$ のベクトル $\boldsymbol{a}$ への正射影の長さを示す量であると思うことができる．ただし，この長さは符号のついた長さであり，角 θ により正にも負にもなり得る．

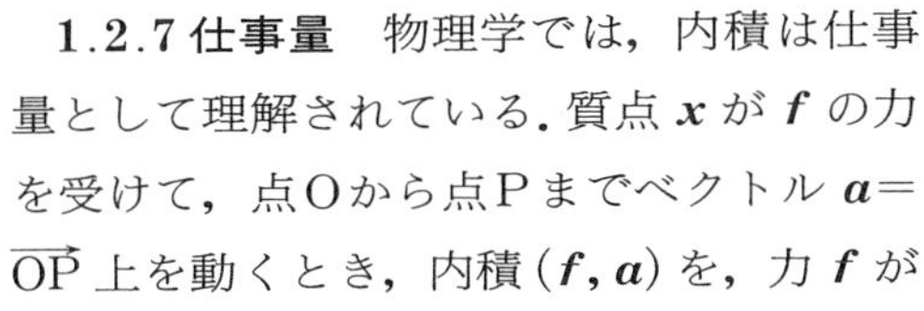

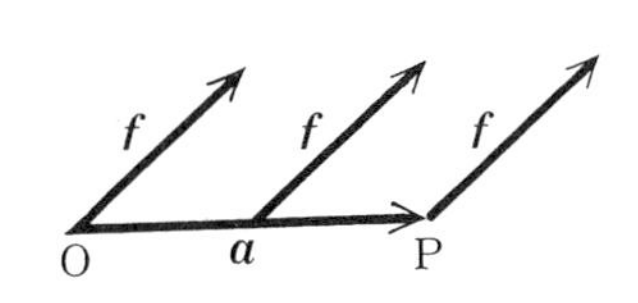

1.2.7 仕事量　物理学では，内積は仕事量として理解されている．質点 $\boldsymbol{x}$ が $\boldsymbol{f}$ の力を受けて，点Oから点Pまでベクトル $\boldsymbol{a} = \overrightarrow{\mathrm{OP}}$ 上を動くとき，内積 $(\boldsymbol{f}, \boldsymbol{a})$ を，力 $\boldsymbol{f}$ が質点 $\boldsymbol{x}$ に対してする**仕事量**という．この仕事量は，質点 $\boldsymbol{x}$ が曲線上を動くときにも拡張されるが，それはこの仕事量 $(\boldsymbol{f}, \boldsymbol{a})$ の積分で定義される (4.2.5)．

1.2.8 定義　(1)　長さ1のベクトルを**単位ベクトル**という．

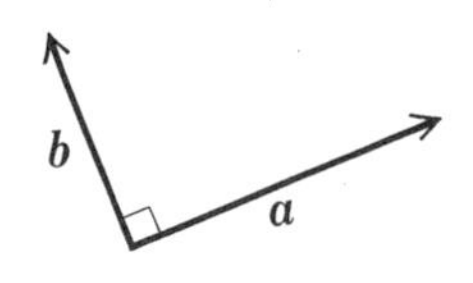

(2)　$\boldsymbol{0}$ でない2つのベクトル $\boldsymbol{a}, \boldsymbol{b}$ が $(\boldsymbol{a}, \boldsymbol{b})=0$ であるとき，$\boldsymbol{a}, \boldsymbol{b}$ は**直交している**という．

(3)　長さ1の3つのベクトル $\boldsymbol{a}, \boldsymbol{b}, \boldsymbol{c}$ が互いに直交しているとき，$\boldsymbol{a}, \boldsymbol{b}, \boldsymbol{c}$ は $\boldsymbol{R}^3$ の**正規直交基**であるという．

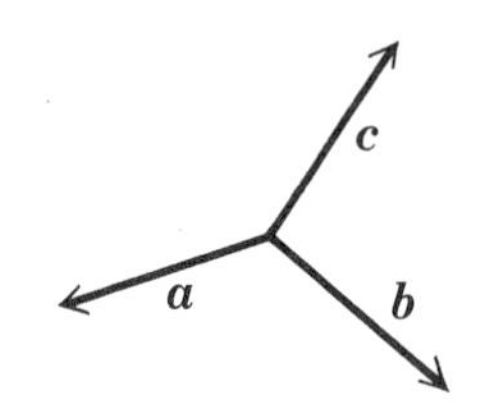

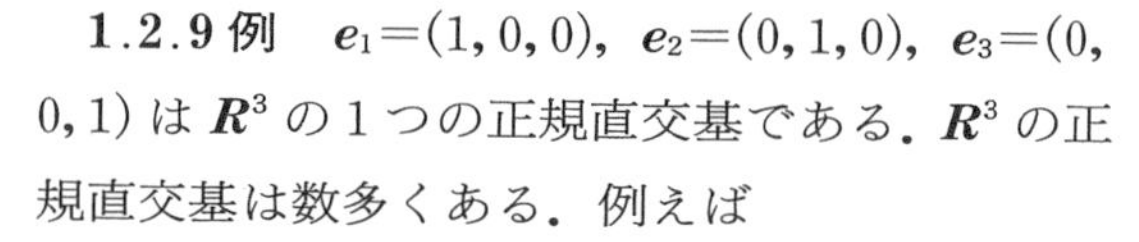

1.2.9 例　$\boldsymbol{e}_1=(1,0,0)$，$\boldsymbol{e}_2=(0,1,0)$，$\boldsymbol{e}_3=(0,0,1)$ は $\boldsymbol{R}^3$ の1つの正規直交基である．$\boldsymbol{R}^3$ の正規直交基は数多くある．例えば

$$(\cos\theta, \sin\theta, 0),\quad (-\sin\theta, \cos\theta, 0),\quad (0,0,1)$$

および

$$(\cos\varphi\cos\theta\cos\psi-\sin\varphi\sin\psi,\ -\cos\varphi\cos\theta\sin\psi-\sin\varphi\cos\psi,\ \cos\varphi\sin\theta),$$

$$(-\sin\varphi\cos\theta\cos\psi-\cos\varphi\sin\psi,\ \sin\varphi\cos\theta\sin\psi-\cos\varphi\cos\psi,\ -\sin\varphi\sin\theta),$$

$$(-\sin\theta\cos\psi,\ \sin\theta\sin\psi,\ \cos\theta)$$

はいずれも $\boldsymbol{R}^3$ の正規直交基である．

1.2.10 注意　ベクトル $\boldsymbol{a}, \boldsymbol{b}$ の内積 $(\boldsymbol{a}, \boldsymbol{b})$ を，ベクトル解析では，

$$\boldsymbol{a}\cdot\boldsymbol{b}\quad \text{または}\quad \boldsymbol{ab}$$

で表すことが多い．本書でも，次章からは，記号 $\boldsymbol{ab}$ を主として用いている．

1.3　ベクトルの外積

1.3.1 定義　ベクトル $\boldsymbol{a}=(a_1, a_2, a_3)$，$\boldsymbol{b}=(b_1, b_2, b_3)$ に対し，ベクトル $\boldsymbol{a}\times\boldsymbol{b}$ を

$$\boldsymbol{a}\times\boldsymbol{b}=(a_2b_3-b_2a_3,\ a_3b_1-b_3a_1,\ a_1b_2-b_1a_2)$$

で定義し，これを $\boldsymbol{a}, \boldsymbol{b}$ の**外積**という．

1.3.2 命題　ベクトルの外積に関し，次の(1)〜(5)

(1)　$\boldsymbol{a}\times\boldsymbol{b}=-\boldsymbol{b}\times\boldsymbol{a}$,　特に $\boldsymbol{a}\times\boldsymbol{a}=\boldsymbol{0}$

(2)　$\boldsymbol{a}\times(\boldsymbol{b}+\boldsymbol{c})=\boldsymbol{a}\times\boldsymbol{b}+\boldsymbol{a}\times\boldsymbol{c}$　　　$\boldsymbol{a}, \boldsymbol{b}, \boldsymbol{c}\in\boldsymbol{R}^3$

(3)　$(\lambda\boldsymbol{a})\times\boldsymbol{b}=\lambda(\boldsymbol{a}\times\boldsymbol{b})=\boldsymbol{a}\times(\lambda\boldsymbol{b})$　　　$\lambda\in\boldsymbol{R}$

(4)　$(\boldsymbol{a}\times\boldsymbol{b}, \boldsymbol{c})=(\boldsymbol{b}\times\boldsymbol{c}, \boldsymbol{a})=(\boldsymbol{c}\times\boldsymbol{a}, \boldsymbol{b})=(\boldsymbol{a}, \boldsymbol{b}\times\boldsymbol{c})=(\boldsymbol{b}, \boldsymbol{c}\times\boldsymbol{a})$
$=(\boldsymbol{c}, \boldsymbol{a}\times\boldsymbol{b})$

(5)　$|\boldsymbol{a}|^2|\boldsymbol{b}|^2-(\boldsymbol{a}, \boldsymbol{b})^2=|\boldsymbol{a}\times\boldsymbol{b}|^2$

が成り立つ．

証明　(1),(2),(3)は明らかであり，(4),(5)も実際に計算して容易に確かめられる．((5)は，命題1.2.4(4)の証明における計算そのままである)．

1.3.3 定義と注意　命題1.3.2(4)の$(\boldsymbol{a}\times\boldsymbol{b}, \boldsymbol{c})$を$(\boldsymbol{a}, \boldsymbol{b}, \boldsymbol{c})$で表し，これをベクトル $\boldsymbol{a}, \boldsymbol{b}, \boldsymbol{c}$ の**3重積**という．$\boldsymbol{a}=(a_1, a_2, a_3)$, $\boldsymbol{b}=(b_1, b_2, b_3)$, $\boldsymbol{c}=(c_1, c_2, c_3)$とするとき，3重積$(\boldsymbol{a}, \boldsymbol{b}, \boldsymbol{c})$は行列式

$$\begin{vmatrix} a_1 & a_2 & a_3 \\ b_1 & b_2 & b_3 \\ c_1 & c_2 & c_3 \end{vmatrix}$$

にほかならない．

1.3.4　(1)　ベクトル $\boldsymbol{a}, \boldsymbol{b}$ に対し，

$$\lambda\boldsymbol{a}+\mu\boldsymbol{b}=\boldsymbol{0}\ (\lambda, \mu\in\boldsymbol{R})\quad \text{ならば}\quad \lambda=\mu=0$$

となるとき，$\boldsymbol{a}, \boldsymbol{b}$ は**1次独立**であるという．さて，ベクトル $\boldsymbol{a}, \boldsymbol{b}$ に対し，

$$\boldsymbol{a}\times\boldsymbol{b}\neq\boldsymbol{0}\iff \boldsymbol{a}, \boldsymbol{b}\ \text{は1次独立}$$

が成り立つ．これは次のようにいうこともできる．ベクトル $\boldsymbol{a}, \boldsymbol{b}$ $(\boldsymbol{a}\neq\boldsymbol{0})$に対し，

$$\boldsymbol{a}\times\boldsymbol{b}=\boldsymbol{0}\iff \boldsymbol{b}=\lambda\boldsymbol{a}\ \text{となる}\ \lambda\in\boldsymbol{R}\ \text{が存在する}$$

が成り立つ．(以上のことは，外積の定義から容易に分かる)．

(2)　ベクトル $\boldsymbol{a}, \boldsymbol{b}, \boldsymbol{c}$ に対し，

$$\lambda\boldsymbol{a}+\mu\boldsymbol{b}+\nu\boldsymbol{c}=\boldsymbol{0}\ (\lambda, \mu, \nu\in\boldsymbol{R})\quad \text{ならば}\quad \lambda=\mu=\nu=0$$

となるとき，$\boldsymbol{a}, \boldsymbol{b}, \boldsymbol{c}$ は**1次独立**であるという．さて，ベクトル $\boldsymbol{a}, \boldsymbol{b}, \boldsymbol{c}$ に

対し，

$$(\boldsymbol{a}, \boldsymbol{b}, \boldsymbol{c}) \neq 0 \iff \boldsymbol{a}, \boldsymbol{b}, \boldsymbol{c} \text{ は1次独立}$$

が成り立つ．(これは，行列式の性質としてよく知られている事実である)．

1.3.5　$\boldsymbol{R}^3$ の標準基 $\boldsymbol{e}_1=(1,0,0)$, $\boldsymbol{e}_2=(0,1,0)$, $\boldsymbol{e}_3=(0,0,1)$ に対し，これらの間の外積は

$$\boldsymbol{e}_1\times\boldsymbol{e}_1=\boldsymbol{e}_2\times\boldsymbol{e}_2=\boldsymbol{e}_3\times\boldsymbol{e}_3=\boldsymbol{0}$$
$$\boldsymbol{e}_1\times\boldsymbol{e}_2=\boldsymbol{e}_3,\quad \boldsymbol{e}_2\times\boldsymbol{e}_3=\boldsymbol{e}_1,\quad \boldsymbol{e}_3\times\boldsymbol{e}_1=\boldsymbol{e}_2$$
$$\boldsymbol{e}_2\times\boldsymbol{e}_1=-\boldsymbol{e}_3,\quad \boldsymbol{e}_3\times\boldsymbol{e}_2=-\boldsymbol{e}_1,\quad \boldsymbol{e}_1\times\boldsymbol{e}_3=-\boldsymbol{e}_2$$

のようになる．

1.3.6 命題　ベクトル $\boldsymbol{a}, \boldsymbol{b}, \boldsymbol{c}$ に対し，

$$(\boldsymbol{a}\times\boldsymbol{b})\times\boldsymbol{c}=(\boldsymbol{a}, \boldsymbol{c})\boldsymbol{b}-(\boldsymbol{b}, \boldsymbol{c})\boldsymbol{a}$$

が成り立つ(問1.2(1))．

命題1.3.6から，ベクトルの外積に関しては，結合法則 $(\boldsymbol{a}\times\boldsymbol{b})\times\boldsymbol{c}=\boldsymbol{a}\times(\boldsymbol{b}\times\boldsymbol{c})$ が成り立たないことが分かる．実際に結合法則が成り立たない例は次のようである．$(\boldsymbol{e}_1\times\boldsymbol{e}_1)\times\boldsymbol{e}_2=\boldsymbol{0}\times\boldsymbol{e}_2=\boldsymbol{0}$ であるが，$\boldsymbol{e}_1\times(\boldsymbol{e}_1\times\boldsymbol{e}_2)=\boldsymbol{e}_1\times\boldsymbol{e}_3=-\boldsymbol{e}_2$ (1.3.5) である．

1.3.7 定理　$\boldsymbol{R}^3$ において，$\boldsymbol{0}$ でないベクトル $\boldsymbol{a}$, $\boldsymbol{b}$ に対し，$\boldsymbol{a}\times\boldsymbol{b}$ は，($\boldsymbol{a}\times\boldsymbol{b}\neq\boldsymbol{0}$ であるならば)，$\boldsymbol{a}$ および $\boldsymbol{b}$ に直交するベクトルである．

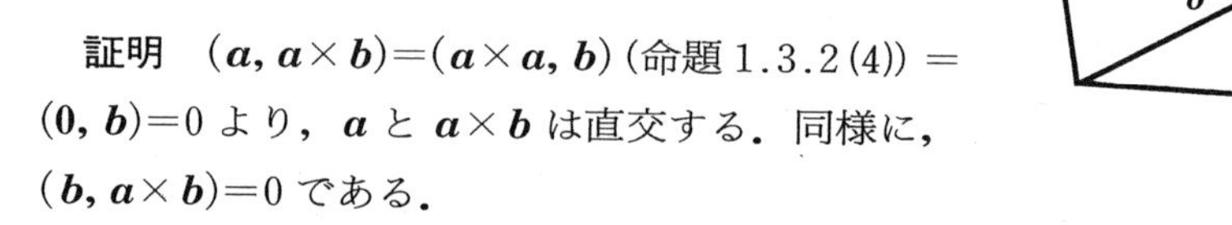

証明　$(\boldsymbol{a}, \boldsymbol{a}\times\boldsymbol{b})=(\boldsymbol{a}\times\boldsymbol{a}, \boldsymbol{b})$ (命題1.3.2(4)) $=(\boldsymbol{0}, \boldsymbol{b})=0$ より，$\boldsymbol{a}$ と $\boldsymbol{a}\times\boldsymbol{b}$ は直交する．同様に，$(\boldsymbol{b}, \boldsymbol{a}\times\boldsymbol{b})=0$ である．

1.3.8 定理　2つのベクトル $\boldsymbol{a}, \boldsymbol{b}$ に対し，$\boldsymbol{a}, \boldsymbol{b}$ を2辺とする平行4辺形の面積 S は

$$S=|\boldsymbol{a}\times\boldsymbol{b}|$$

である．

証明　($\boldsymbol{a} \neq \boldsymbol{0}$, $\boldsymbol{b} \neq \boldsymbol{0}$ としておく). ベクトル $\boldsymbol{a}, \boldsymbol{b}$ のなす角を θ, $0 \leqq \theta \leqq \pi$ とすると き, 平行 4 辺形の面積 S は

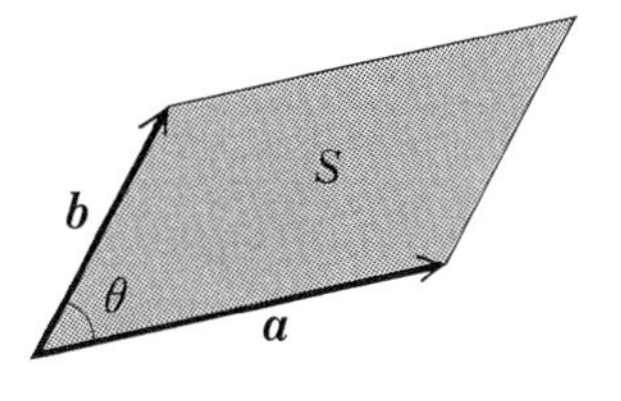

$$S = |\boldsymbol{a}||\boldsymbol{b}| \sin\theta$$

である. よって,

$$\begin{aligned} S^2 &= |\boldsymbol{a}|^2|\boldsymbol{b}|^2 \sin^2\theta = |\boldsymbol{a}|^2|\boldsymbol{b}|^2(1-\cos^2\theta) \\ &= |\boldsymbol{a}|^2|\boldsymbol{b}|^2\left(1-\left(\frac{(\boldsymbol{a}, \boldsymbol{b})}{|\boldsymbol{a}||\boldsymbol{b}|}\right)^2\right) \\ &= |\boldsymbol{a}|^2|\boldsymbol{b}|^2 - (\boldsymbol{a}, \boldsymbol{b})^2 = |\boldsymbol{a} \times \boldsymbol{b}|^2 \qquad (\text{命題 } 1.3.2\,(5)) \end{aligned}$$

より, $S = |\boldsymbol{a} \times \boldsymbol{b}|$ を得る.

1.3.9 定 理　ベクトル $\boldsymbol{a}, \boldsymbol{b}, \boldsymbol{c}$ に対し, $\boldsymbol{a}, \boldsymbol{b}, \boldsymbol{c}$ を 3 辺とする平行 6 面体の体積 V は

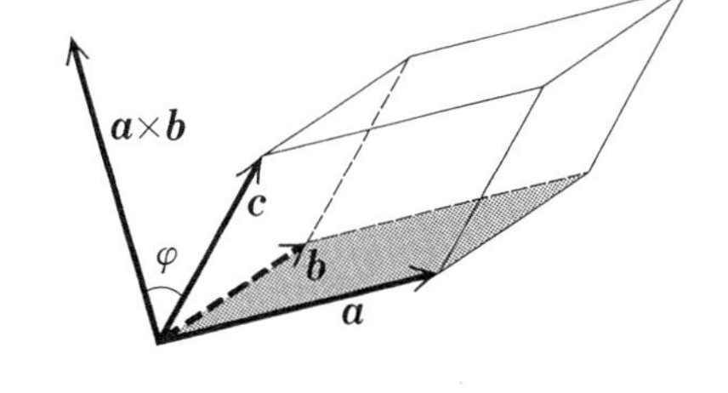

$$V = |(\boldsymbol{a}, \boldsymbol{b}, \boldsymbol{c})|$$

である.

証明　$\boldsymbol{a}, \boldsymbol{b}$ がつくる平行 4 辺形の面積 S は $|\boldsymbol{a} \times \boldsymbol{b}|$ であった (定理 1.3.8). ベクトル $\boldsymbol{a} \times \boldsymbol{b}$ ($\boldsymbol{a} \times \boldsymbol{b} \neq \boldsymbol{0}$ としておいてよい) とベクトル $\boldsymbol{c}$ のなす角を φ, $0 \leqq \varphi \leqq \pi$ とすると, ベクトル $\boldsymbol{a} \times \boldsymbol{b}$ が底面 S に直交する (定理 1.3.7) ことから, この平行 6 面体の体積 V は

$$S|\boldsymbol{c}|\cos\varphi$$

の絶対値である. しかるに ($\boldsymbol{c} \neq \boldsymbol{0}$ としておく),

$$S|\boldsymbol{c}|\cos\varphi = |\boldsymbol{a} \times \boldsymbol{b}||\boldsymbol{c}| \frac{(\boldsymbol{a} \times \boldsymbol{b}, \boldsymbol{c})}{|\boldsymbol{a} \times \boldsymbol{b}||\boldsymbol{c}|} = (\boldsymbol{a} \times \boldsymbol{b}, \boldsymbol{c}) = (\boldsymbol{a}, \boldsymbol{b}, \boldsymbol{c})$$

となる. よって, $V = |(\boldsymbol{a}, \boldsymbol{b}, \boldsymbol{c})|$ を得る.

1.3.10 回転運動　空間 $\boldsymbol{R}^3$ の点 $\boldsymbol{x} = (x, y, z)$ が, z 軸上の点 $(0, 0, z)$ を中心とする半径 ρ の円上を速度ベクトル $\boldsymbol{v}$ で回転しているとする. (速度ベクトル $\boldsymbol{v}$ については 2.3.2 を参照して下さい). さて,

$$|\boldsymbol{v}| = \omega\rho$$

とおき，ω をこの回転運動の**角速度**という．原点 $\mathbf{0}$ を始点にもち，長さが ω である z 軸上の上向きのベクトルを $\boldsymbol{\omega}$：

$$\boldsymbol{\omega}=(0,0,\omega)$$

で表し，$\boldsymbol{\omega}$ を**角速度ベクトル**（または**回転ベクトル**）という．このとき，ベクトル $\boldsymbol{\omega}, \boldsymbol{x}$ のつくる平行4辺形の面積は

$$|\boldsymbol{\omega}|\rho=\omega\rho=|\boldsymbol{v}|$$

であるから，ベクトルの向きも考慮すると，

$$\boldsymbol{v}=\boldsymbol{\omega}\times\boldsymbol{x}$$

であることが分かる．これを座標を用いて表すと

$$\begin{aligned}\boldsymbol{v}&=(0,0,\omega)\times(x,y,z)\\&=\omega(-y,x,0)\end{aligned}$$

となる．

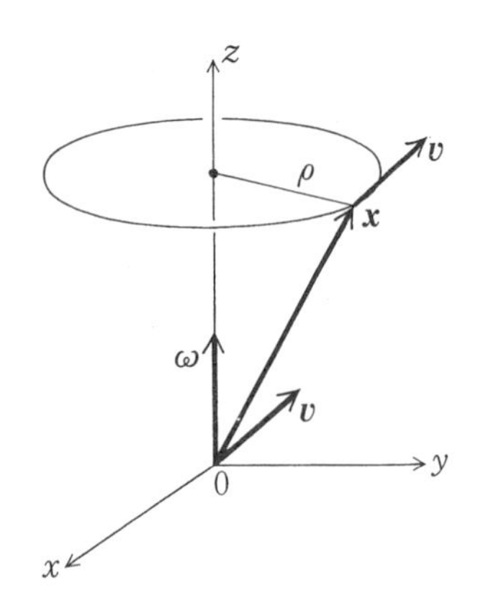

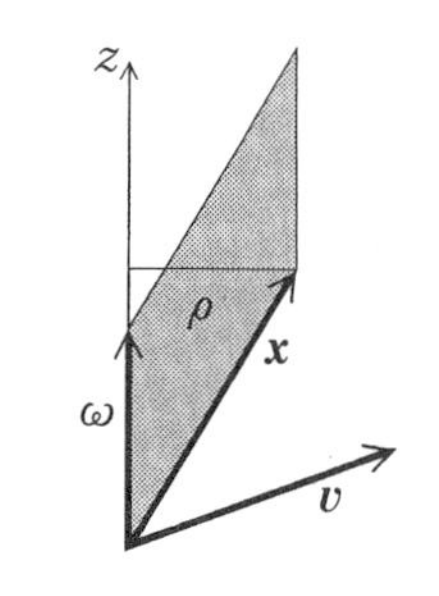

点の回転運動と同じ現象が磁場においても起っている．導線である z 軸に強さ I の電流を正の方向に流すときに生ずる磁場において，点 $\boldsymbol{x}=(x,y,z)$ における磁場ベクトル $\boldsymbol{h}$ は

$$\boldsymbol{h}=\frac{2I}{\rho^2}(-y,x,0)$$

で与えられることが知られている．ここに，ρ は点 $\boldsymbol{x}$ と z 軸との距離である：$\rho=\sqrt{x^2+y^2}$．このとき，$\boldsymbol{h}$ の大きさ，すなわち，点 $\boldsymbol{x}$ における磁場の強さは

$$h=|\boldsymbol{h}|=\frac{2I}{\rho^2}\rho=\frac{2I}{\rho}$$

である．

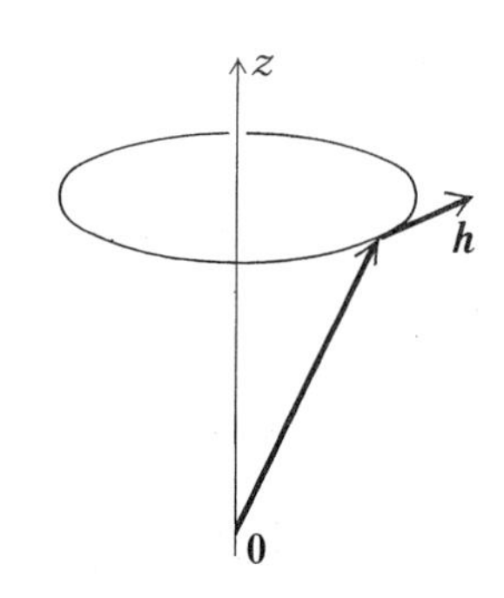

1.4　再びベクトルの外積について

前節1.3で，ベクトル $\boldsymbol{a}, \boldsymbol{b}$ の外積 $\boldsymbol{a}\times\boldsymbol{b}$ について述べたが，この外積を少し異なる観点から眺め直してみよう．

1.4.1 定義　$\boldsymbol{R}^3$ のベクトル $\boldsymbol{a}, \boldsymbol{b}, \boldsymbol{c}$ に対し，**外積** とよばれる積

$$\boldsymbol{a}\wedge\boldsymbol{b},\quad \boldsymbol{a}\wedge\boldsymbol{b}\wedge\boldsymbol{c}$$

を考える．これらの $\boldsymbol{a}\wedge\boldsymbol{b}$, $\boldsymbol{a}\wedge\boldsymbol{b}\wedge\boldsymbol{c}$ は既に $\boldsymbol{R}^3$ のベクトルではなく，ここでは形式的なものと理解しておく．そして，外積は次の性質(1)〜(4)

(1)　$\boldsymbol{a}\wedge\boldsymbol{b}=-\boldsymbol{b}\wedge\boldsymbol{a}$,　　特に $\boldsymbol{a}\wedge\boldsymbol{a}=\boldsymbol{0}$

(2)　$\boldsymbol{a}\wedge(\boldsymbol{b}+\boldsymbol{c})=\boldsymbol{a}\wedge\boldsymbol{b}+\boldsymbol{a}\wedge\boldsymbol{c}$　　　　$\boldsymbol{a}, \boldsymbol{b}, \boldsymbol{c}\in\boldsymbol{R}^3$

(3)　$\lambda\boldsymbol{a}\wedge\boldsymbol{b}=\lambda(\boldsymbol{a}\wedge\boldsymbol{b})=\boldsymbol{a}\wedge(\lambda\boldsymbol{b})$　　　　$\lambda\in\boldsymbol{R}$

(4)　$(\boldsymbol{a}\wedge\boldsymbol{b})\wedge\boldsymbol{c}=\boldsymbol{a}\wedge(\boldsymbol{b}\wedge\boldsymbol{c})=\boldsymbol{a}\wedge\boldsymbol{b}\wedge\boldsymbol{c}$

をもつものとする．

$\boldsymbol{a}\wedge\boldsymbol{b}$ の形の有限和を **2 次の外積ベクトル**,

$\boldsymbol{a}\wedge\boldsymbol{b}\wedge\boldsymbol{c}$ の形の有限和を **3 次の外積ベクトル**

ということにする．これに対して

ベクトル $\boldsymbol{a}$ を **1 次の外積ベクトル**,

実数 c を **0 次の外積ベクトル**

ということもある．

この外積の定義は厳密なものでないかもしれない．もちろん，外積代数 $\Lambda(\boldsymbol{R}^3)=\boldsymbol{R}\oplus\boldsymbol{R}^3\oplus\Lambda^2(\boldsymbol{R}^3)\oplus\Lambda^3(\boldsymbol{R}^3)$ の数学的な定義はあるが，ここでは省略して，上記を一応の定義として，次の計算により外積を理解することにしよう．

1.4.2　2 つのベクトル $\boldsymbol{a}=a_1\boldsymbol{e}_1+a_2\boldsymbol{e}_2+a_3\boldsymbol{e}_3$, $\boldsymbol{b}=b_1\boldsymbol{e}_1+b_2\boldsymbol{e}_2+b_3\boldsymbol{e}_3$ に対し，その外積 $\boldsymbol{a}\wedge\boldsymbol{b}$ は,

$$\boldsymbol{a}\wedge\boldsymbol{b}=(a_1\boldsymbol{e}_1+a_2\boldsymbol{e}_2+a_3\boldsymbol{e}_3)\wedge(b_1\boldsymbol{e}_1+b_2\boldsymbol{e}_2+b_3\boldsymbol{e}_3)$$

(この右辺を展開し，$\boldsymbol{e}_i\wedge\boldsymbol{e}_i=0$, $\boldsymbol{e}_i\wedge\boldsymbol{e}_j=-\boldsymbol{e}_j\wedge\boldsymbol{e}_i$ の関係を用いて整理す

ると)

$$=(a_2b_3-b_2a_3)\boldsymbol{e}_2\wedge\boldsymbol{e}_3+(a_3b_1-b_3a_1)\boldsymbol{e}_3\wedge\boldsymbol{e}_1+(a_1b_2-b_1a_2)\boldsymbol{e}_1\wedge\boldsymbol{e}_2$$

となる.

一般に，2次の外積ベクトル $\boldsymbol{p}$ は

$$\boldsymbol{p}=p_1\boldsymbol{e}_2\wedge\boldsymbol{e}_3+p_2\boldsymbol{e}_3\wedge\boldsymbol{e}_1+p_3\boldsymbol{e}_1\wedge\boldsymbol{e}_2,\quad p_i\in\boldsymbol{R}$$

と表示される．この $\boldsymbol{p}$ に対し，その**長さ** $|\boldsymbol{p}|$ を

$$|\boldsymbol{p}|=\sqrt{{p_1}^2+{p_2}^2+{p_3}^2}$$

で定義する．こうすると，上記の外積 $\boldsymbol{a}\wedge\boldsymbol{b}$ の計算は，外積 $\boldsymbol{a}\wedge\boldsymbol{b}$ の長さと外積 $\boldsymbol{a}\times\boldsymbol{b}$ の長さが等しい：

$$|\boldsymbol{a}\wedge\boldsymbol{b}|=|\boldsymbol{a}\times\boldsymbol{b}|$$

ことを示している.

1.4.3　3つのベクトル $\boldsymbol{a}=a_1\boldsymbol{e}_1+a_2\boldsymbol{e}_2+a_3\boldsymbol{e}_3$，$\boldsymbol{b}=b_1\boldsymbol{e}_1+b_2\boldsymbol{e}_2+b_3\boldsymbol{e}_3$，$\boldsymbol{c}=c_1\boldsymbol{e}_1+c_2\boldsymbol{e}_2+c_3\boldsymbol{e}_3$ に対し，その外積 $\boldsymbol{a}\wedge\boldsymbol{b}\wedge\boldsymbol{c}$ は,

$$\begin{aligned}\boldsymbol{a}\wedge\boldsymbol{b}\wedge\boldsymbol{c}&=(\boldsymbol{a}\wedge\boldsymbol{b})\wedge\boldsymbol{c}\\&=((a_2b_3-b_2a_3)\boldsymbol{e}_2\wedge\boldsymbol{e}_3+(a_3b_1-b_3a_1)\boldsymbol{e}_3\wedge\boldsymbol{e}_1+(a_1b_2-b_1a_2)\boldsymbol{e}_1\wedge\boldsymbol{e}_2)\\&\qquad\wedge(c_1\boldsymbol{e}_1+c_2\boldsymbol{e}_2+c_3\boldsymbol{e}_3)\\&=((a_2b_3-b_2a_3)c_1+(a_3b_1-b_3a_1)c_2+(a_1b_2-b_1a_2)c_3)\boldsymbol{e}_1\wedge\boldsymbol{e}_2\wedge\boldsymbol{e}_3\\&=\begin{vmatrix}a_1&a_2&a_3\\b_1&b_2&b_3\\c_1&c_2&c_3\end{vmatrix}\boldsymbol{e}_1\wedge\boldsymbol{e}_2\wedge\boldsymbol{e}_3\\&=(\boldsymbol{a},\boldsymbol{b},\boldsymbol{c})\boldsymbol{e}_1\wedge\boldsymbol{e}_2\wedge\boldsymbol{e}_3\end{aligned}$$

となる.

一般に，3次の外積ベクトル $\boldsymbol{g}$ は

$$\boldsymbol{g}=g\boldsymbol{e}_1\wedge\boldsymbol{e}_2\wedge\boldsymbol{e}_3,\quad g\in\boldsymbol{R}$$

と表示される．この $\boldsymbol{g}$ に対し，その**長さ** $|\boldsymbol{g}|$ を

$$|\boldsymbol{g}|=|g|$$

で定義する．こうすると，上記の外積 $\boldsymbol{a}\wedge\boldsymbol{b}\wedge\boldsymbol{c}$ の計算は，外積 $\boldsymbol{a}\wedge\boldsymbol{b}\wedge\boldsymbol{c}$

の長さと行列式 $(\boldsymbol{a}, \boldsymbol{b}, \boldsymbol{c})$ の絶対値が等しい：

$$|\boldsymbol{a}\wedge\boldsymbol{b}\wedge\boldsymbol{c}|=|(\boldsymbol{a}, \boldsymbol{b}, \boldsymbol{c})|$$

ことを示している．

1.4.2，1.4.3 の事実を用いて，定理 1.3.8，定理 1.3.9 を再記しておこう．

1.4.4 定理 (1) 2 つのベクトル $\boldsymbol{a}, \boldsymbol{b}$ を 2 辺とする平行 4 辺形の面積 S は

$$S=|\boldsymbol{a}\wedge\boldsymbol{b}|$$

である．

(2) 3 つのベクトル $\boldsymbol{a}, \boldsymbol{b}, \boldsymbol{c}$ を 3 辺とする平行 6 面体の体積 V は

$$V=|\boldsymbol{a}\wedge\boldsymbol{b}\wedge\boldsymbol{c}|$$

である．

ベクトルのこの外積 $\boldsymbol{a}\wedge\boldsymbol{b}$，$\boldsymbol{a}\wedge\boldsymbol{b}\wedge\boldsymbol{c}$ の考え方および定理 1.4.4 の事実は，後で Gauss-Green-Stokes の定理を考察するとき有用になるであろう．

1.4.5 $\boldsymbol{R}^3$ のベクトル $\boldsymbol{a}, \boldsymbol{b}$ に対し，2 種類の外積 $\boldsymbol{a}\times\boldsymbol{b}$, $\boldsymbol{a}\wedge\boldsymbol{b}$ を定義したが，ここで，両者の関係について述べておこう．そのために，**Hodge の $*$-作用素**を用いる．この $*$-作用素は，0 次の外積ベクトルと 3 次の外積ベクトルを入れ替え，1 次の外積ベクトルと 2 次の外積ベクトルを入れ替えるものである．さて，その定義は

$$*(c)=c\boldsymbol{e}_1\wedge\boldsymbol{e}_2\wedge\boldsymbol{e}_3,$$
$$*(a_1\boldsymbol{e}_1+a_2\boldsymbol{e}_2+a_3\boldsymbol{e}_3)=a_1\boldsymbol{e}_2\wedge\boldsymbol{e}_3+a_2\boldsymbol{e}_3\wedge\boldsymbol{e}_1+a_3\boldsymbol{e}_1\wedge\boldsymbol{e}_2,$$
$$*(p_1\boldsymbol{e}_2\wedge\boldsymbol{e}_3+p_2\boldsymbol{e}_3\wedge\boldsymbol{e}_1+p_3\boldsymbol{e}_1\wedge\boldsymbol{e}_2)=p_1\boldsymbol{e}_1+p_2\boldsymbol{e}_2+p_3\boldsymbol{e}_3,$$
$$*(g\boldsymbol{e}_1\wedge\boldsymbol{e}_2\wedge\boldsymbol{e}_3)=g$$

で与えられる．このとき，2 つの外積 $\boldsymbol{a}\wedge\boldsymbol{b}$ と $\boldsymbol{a}\times\boldsymbol{b}$ は

$$\boldsymbol{a}\wedge\boldsymbol{b}=*(\boldsymbol{a}\times\boldsymbol{b})$$

の関係があることが，1.4.2 のことから分かる．$*$-作用素は $**=1$（1 は恒等写像）を満たすので

$$\boldsymbol{a}\times\boldsymbol{b}=*(\boldsymbol{a}\wedge\boldsymbol{b})$$

としてもよい．この $*$-作用素が付くために，外積 $\boldsymbol{a}\wedge\boldsymbol{b}$ に対して結合法則 $(\boldsymbol{a}\wedge\boldsymbol{b})\wedge\boldsymbol{c}=\boldsymbol{a}\wedge(\boldsymbol{b}\wedge\boldsymbol{c})$ が成り立つのに，外積 $\boldsymbol{a}\times\boldsymbol{b}$ では結合法則が成り立たなくなっている（命題 1.3.6）．

1.4.6　4次(以上)の外積ベクトルは，0以外には存在しない．実際，4つのベクトル $\boldsymbol{a}, \boldsymbol{b}, \boldsymbol{c}, \boldsymbol{d}$ の外積 $\boldsymbol{a}\wedge\boldsymbol{b}\wedge\boldsymbol{c}\wedge\boldsymbol{d}$ を 1.4.2, 1.4.3 のようにして展開すると，$\boldsymbol{e}_1, \boldsymbol{e}_2, \boldsymbol{e}_3$ が4つ現れるので，$\boldsymbol{e}_i\wedge\boldsymbol{e}_i=0$ の関係から0になってしまうからである．

1.5　空間 $\boldsymbol{R}^3$ の直線と平面

1.5.1 直線の方程式　g を原点 $\boldsymbol{0}$ を通る空間 $\boldsymbol{R}^3$ の直線とする．この直線上に1点 $\boldsymbol{l}=(l, m, n)$，$\boldsymbol{l}\neq\boldsymbol{0}$ をとると，直線 g 上の点 $\boldsymbol{x}=(x, y, z)$ は $\boldsymbol{l}$ のスカラー倍で表される：

$$\boldsymbol{x}=t\boldsymbol{l},\quad t\in\boldsymbol{R}$$

これは，

$$\frac{x}{l}=\frac{y}{m}=\frac{z}{n}\ (=t)$$

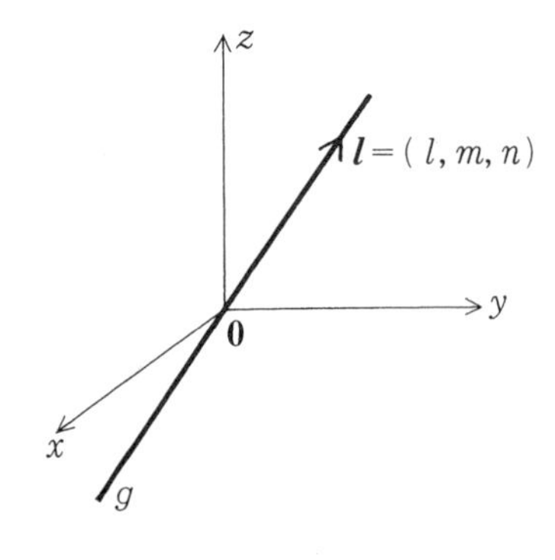

とも表され(ただし，分母が0のときは分子も0と思う)，これが直線 g の方程式である．一般に，点 $\boldsymbol{p}=(p, q, r)$ を通る直線 g の方程式は

$$\boldsymbol{x}-\boldsymbol{p}=t\boldsymbol{l},\quad t\in\boldsymbol{R}$$

であり，これは

$$\frac{x-p}{l}=\frac{y-q}{m}=\frac{z-r}{n}$$

とも表される．この $\boldsymbol{l}=(l, m, n)$ を直線 g の**傾き**という．直線の傾き $\boldsymbol{l}$ は定数倍を除いて定まる．すなわち，$\boldsymbol{l}=(l, m, n)$ が直線 g の傾きであれば，$\lambda\boldsymbol{l}=(\lambda l, \lambda m, \lambda n)$ $(\lambda\in\boldsymbol{R}, \lambda\neq 0)$ もこの直線 g の傾きである．

1.5.2 平面の方程式　Π を原点 $\boldsymbol{0}$ を通る空間 $\boldsymbol{R}^3$ の平面とする．原点 $\boldsymbol{0}$

を通り平面 Π に直交する直線上に1点 $\boldsymbol{l}=(l, m, n)$, $\boldsymbol{l}\neq\boldsymbol{0}$ をとると，平面 Π 上の点 $\boldsymbol{x}=(x, y, z)$ は $\boldsymbol{l}$ と直交している：

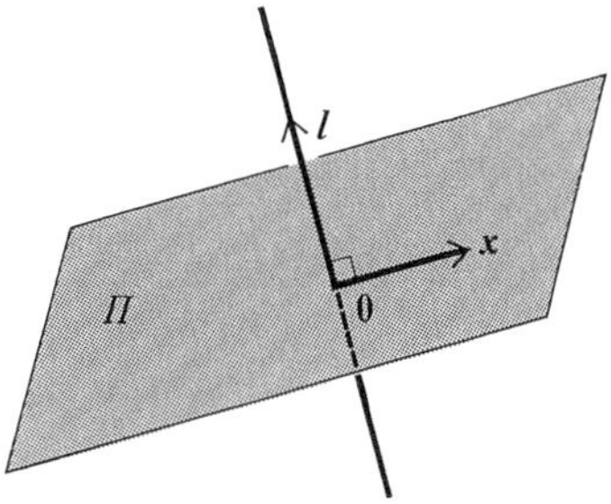

$$(\boldsymbol{l}, \boldsymbol{x})=0$$

これは

$$lx+my+nz=0$$

とも表され，これが平面 Π の方程式である．一般に，点 $\boldsymbol{p}=(p, q, r)$ を通る平面 Π の方程式は

$$(\boldsymbol{l}, \boldsymbol{x}-\boldsymbol{p})=0$$

であり，これは

$$l(x-p)+m(y-q)+n(z-r)=0$$

とも表される．この $\boldsymbol{l}=(l, m, n)$ を平面 Π の**傾き**という．平面 Π の傾き $\boldsymbol{l}$ は定数倍を除いて定まる．すなわち，$\boldsymbol{l}=(l, m, n)$ が平面 Π の傾きであれば，$\lambda\boldsymbol{l}=(\lambda l, \lambda m, \lambda n)$ $(\lambda\in\boldsymbol{R}, \lambda\neq 0)$ もこの平面 Π の傾きである．

1.6 $\boldsymbol{R}^3$ の領域

ベクトル空間 $\boldsymbol{R}^3$ の各点 $\boldsymbol{x}$ に対し，長さ $|\boldsymbol{x}|$ が定義されて，命題1.2.4の(1) $|\boldsymbol{x}|\geqq 0$, (2) $|\boldsymbol{x}|=0 \rightleftarrows \boldsymbol{x}=\boldsymbol{0}$ および(5)の3角不等式 $|\boldsymbol{x}+\boldsymbol{y}|\leqq|\boldsymbol{x}|+|\boldsymbol{y}|$ が成り立つので，2点 $\boldsymbol{x}, \boldsymbol{y}$ の距離 $d(\boldsymbol{x}, \boldsymbol{y})$ を

$$d(\boldsymbol{x}, \boldsymbol{y})=|\boldsymbol{x}-\boldsymbol{y}|$$

で定義すると，$\boldsymbol{R}^3$ は距離空間になり，$\boldsymbol{R}^3$ に位相(極限，閉集合，開集合)が導入され，さらに，$\boldsymbol{R}^3$ 上で解析(微分，積分)を行うことができる．これらについては既知としたいが，それでも，$\boldsymbol{R}^3$ の位相について簡単に説明しておこう．

1.6.1 (1) $\boldsymbol{R}^3$ の点列 $\boldsymbol{x}_1, \boldsymbol{x}_2, \cdots, \boldsymbol{x}_n, \cdots$ と点 $\boldsymbol{x}\in\boldsymbol{R}^3$ に対し，

$$\lim_{n\to\infty}|\boldsymbol{x}_n-\boldsymbol{x}|=0$$

となるとき，点列 $\boldsymbol{x}_1, \boldsymbol{x}_2, \cdots, \boldsymbol{x}_n, \cdots$ は点 $\boldsymbol{x}$ に**収束する**といい，

$$\lim_{n\to\infty} \boldsymbol{x}_n = \boldsymbol{x}$$

で表す．

(2)　F を $\boldsymbol{R}^3$ の部分集合とする．F の点列 $\boldsymbol{x}_1, \boldsymbol{x}_2, \cdots, \boldsymbol{x}_n, \cdots$ が点 $\boldsymbol{x}$ ($\boldsymbol{x} \in \boldsymbol{R}^3$) に収束するならば，常に $\boldsymbol{x} \in F$ となるとき，F は **$\boldsymbol{R}^3$ の閉集合**であるという．

(3)　$\boldsymbol{R}^3$ の部分集合 A に対し，A を含む最小の $\boldsymbol{R}^3$ の閉集合を $\overline{A}$ で表し，A の（$\boldsymbol{R}^3$ における）**閉包**という．A の閉包 $\overline{A}$ は，A の点列 $\boldsymbol{x}_1, \boldsymbol{x}_2, \cdots, \boldsymbol{x}_n, \cdots$ の収束点 $\boldsymbol{x}$ ($\lim_{n\to\infty} \boldsymbol{x}_n = \boldsymbol{x} \in \boldsymbol{R}^3$) をすべて A につけ加えてできる集合のことである．

1.6.2　(1)　点 $\boldsymbol{a} \in \boldsymbol{R}^3$ と正数 $r > 0$ に対し，

$$U_r(\boldsymbol{a}) = \{\boldsymbol{x} \in \boldsymbol{R}^3 \mid |\boldsymbol{x} - \boldsymbol{a}| < r\}$$

を点 $\boldsymbol{a}$ の **r-近傍**という．

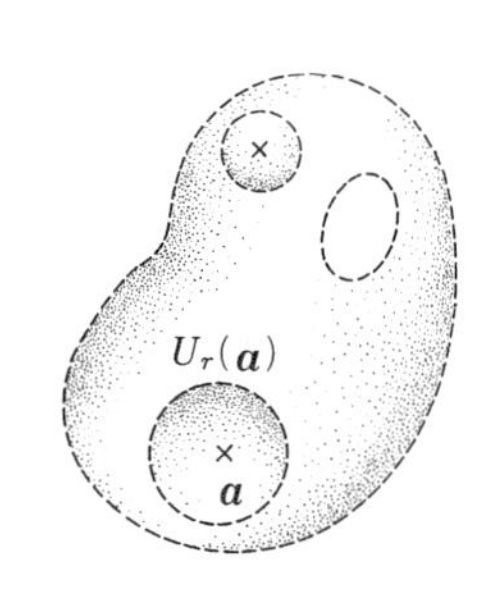

(2)　U を $\boldsymbol{R}^3$ の部分集合とする．U の任意の点 $\boldsymbol{a}$ に対し，U に含まれる $\boldsymbol{a}$ のある r-近傍 $U_r(\boldsymbol{a})$ が存在する：$U_r(\boldsymbol{a}) \subset U$ のとき，U は **$\boldsymbol{R}^3$ の開集合**であるという．（$\boldsymbol{R}^3$ の開集合 U の定義を，U の補集合 $\boldsymbol{R}^3 - U$ が $\boldsymbol{R}^3$ の閉集合であることとしてもよい）．

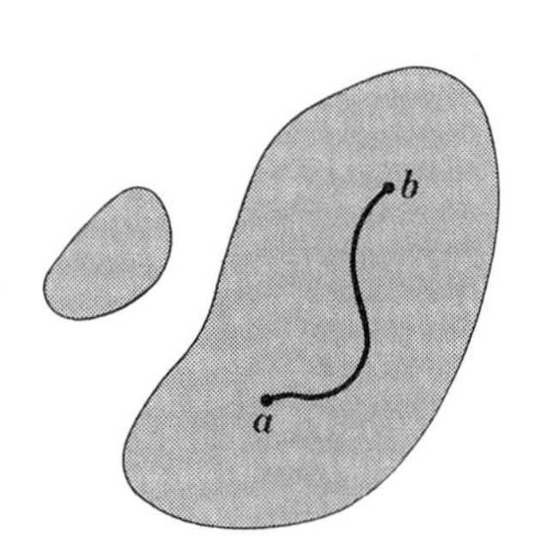

1.6.3　A を $\boldsymbol{R}^3$ の部分集合とする．A の任意の 2 点 $\boldsymbol{a}, \boldsymbol{b}$ が A 内の道（この定義は後 (1.6.9 (2)) で与える）で結べるとき，A は**連結**であるという．

1.6.4　(1)　連結な $\boldsymbol{R}^3$ の開集合 U を **$\boldsymbol{R}^3$ の開領域**という．

(2)　$\boldsymbol{R}^3$ の部分集合 V が，$\boldsymbol{R}^3$ のある開領域 U の閉包である：$V = \overline{U}$ とき，V は **$\boldsymbol{R}^3$ の閉領域**であるという．このとき，V から U を除いた集合 ∂V：

$$\partial V = \overline{U} - U$$

をVの(またUの)**境界**という.

1.6.5 Aを $\boldsymbol{R}^3$ の部分集合とする. 正数 $r>0$ が存在し,

$$\boldsymbol{x}\in A \quad \text{ならば} \quad |\boldsymbol{x}|\leqq r$$

となるとき, Aは**有界**であるという.

1.6.6 例 (1) 空間 $\boldsymbol{R}^3$ および $\boldsymbol{R}^3$ から原点 $\boldsymbol{0}$ を除いた集合 $\boldsymbol{R}^3-\{\boldsymbol{0}\}$ はいずれも $\boldsymbol{R}^3$ の開領域である. この開領域 $\boldsymbol{R}^3$, $\boldsymbol{R}^3-\{\boldsymbol{0}\}$ はどちらも有界でない.

(2) $U=\{\boldsymbol{x}\in\boldsymbol{R}^3 \mid |x|<1\}$ は $\boldsymbol{R}^3$ の有界な開領域であり, Uの閉包 $\overline{U}$ は球体B:

$$B=\{\boldsymbol{x}\in\boldsymbol{R}^3 \mid |\boldsymbol{x}|\leqq 1\}$$

である. B は $\boldsymbol{R}^3$ の有界な閉領域であり, Bの境界 ∂B は, 球面

$$S^2=\{\boldsymbol{x}\in\boldsymbol{R}^3 \mid |\boldsymbol{x}|=1\}$$

である.

(3) $$E=\left\{\begin{array}{l}(u, v, w)\in\boldsymbol{R}^3 \\ \quad \mid 0<u<1, 0<v<1, 0<w<1\end{array}\right\}$$

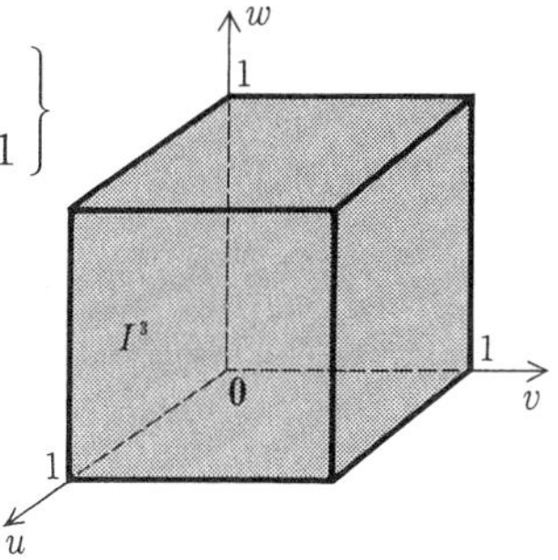

は $\boldsymbol{R}^3$ の有界な開領域である. Eの閉包 $\overline{E}$ は立方体

$$I^3=\left\{\begin{array}{l}(u, v, w)\in\boldsymbol{R}^3 \\ \quad \mid 0\leqq u\leqq 1, 0\leqq v\leqq 1, 0\leqq w\leqq 1\end{array}\right\}$$

であり, I^3 は $\boldsymbol{R}^3$ の有界な閉領域である.

I^3 の境界 ∂I^3 は

$$\partial I^3=\{(u, v, w)\in I^3 \mid u, v, w \text{ のいずれかが } 0 \text{ または } 1\}$$

である.

(4)　下図のような中味のつまったトーラスは，いずれも $\boldsymbol{R}^3$ の有界な

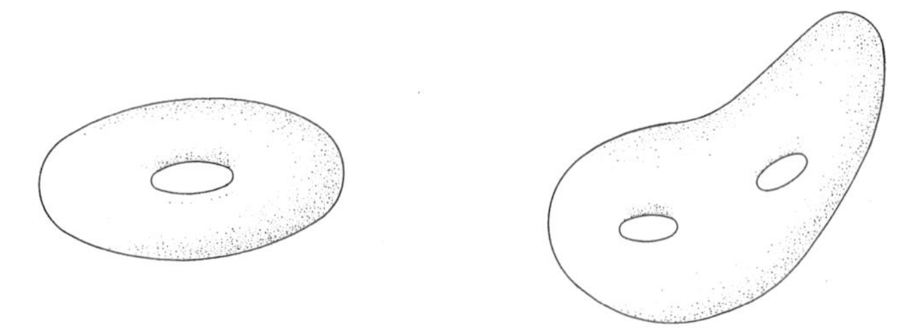

閉領域である．

1.6.7　　$\boldsymbol{R}^2=\{\boldsymbol{x}=(x, y) \mid x, y\in\boldsymbol{R}\}$

において，$\boldsymbol{R}^2$ の点 $\boldsymbol{x}=(x, y)$ の**長さ** $|\boldsymbol{x}|$ を

$$|\boldsymbol{x}|=\sqrt{x^2+y^2}$$

で定義すると，$\boldsymbol{R}^2$ に位相が導入され，1.6.1～1.6.5と同様なことが定義される．$\boldsymbol{R}$ においても，$x\in\boldsymbol{R}$ の**長さ** $|x|$ を x の絶対値で定義すると，同様なことが定義される．

1.6.8例　(1)　$D=\{\boldsymbol{x}\in\boldsymbol{R}^2 \mid |\boldsymbol{x}|\leqq 1\}$ は $\boldsymbol{R}^2$ の有界な閉領域であり，その境界 ∂D は円

$$S^1=\{\boldsymbol{x}\in\boldsymbol{R}^2 \mid |\boldsymbol{x}|=1\}$$

である．

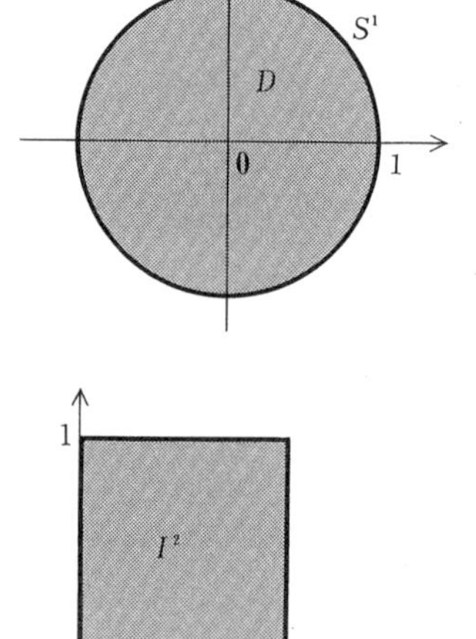

(2)　$I^2=\{(u, v)\in\boldsymbol{R}^2 \mid 0\leqq u\leqq 1, 0\leqq v\leqq 1\}$ は $\boldsymbol{R}^2$ の有界な閉領域であり，その境界 ∂I^2 は

$$\partial I^2=\left\{(u, v)\in I^2 \;\middle|\; \begin{array}{l} u, v \text{ のいずれか} \\ \text{が } 0 \text{ または } 1 \end{array}\right\}$$

である．

(3)　$J=(a, b)=\{t\in\boldsymbol{R} \mid a<t<b\}$ は $\boldsymbol{R}$ の有界な開領域であり（これを**開区間**という），その閉包 $\overline{J}$ は

$$\overline{J}=[a, b]=\{t\in\boldsymbol{R} \mid a\leqq t\leqq b\}$$

であり（これを**閉区間**という），その境界 ∂J は，区間 $[a, b]$ の両端の 2 点 a, b からなる集合

$$\partial J = \{a, b\}$$

である．

1.6.9　(1)　A, B をそれぞれ $\boldsymbol{R}^m, \boldsymbol{R}^n$ $(m, n=1, 2, 3)$ の部分集合とする：$A \subset \boldsymbol{R}^m$，$B \subset \boldsymbol{R}^n$．写像 $f : A \to B$ が

$$\lim_{n\to\infty} \boldsymbol{x}_n = \boldsymbol{x} \quad \text{ならば} \quad \lim_{n\to\infty} f(\boldsymbol{x}_n) = f(\boldsymbol{x})$$

$(\boldsymbol{x}_n, \boldsymbol{x} \in A)$ を満たすとき，f は**連続**であるという．

(2)　A を $\boldsymbol{R}^n$ $(n=1, 2, 3)$ の部分集合とする．連続な写像 $u : I=[0, 1] \to A$ を（点 $u(0)$ と点 $u(1)$ を結ぶ）A の**道**（または**曲線**）という．

1.6.10　位相の導入されたベクトル空間 $\boldsymbol{R}^3, \boldsymbol{R}^2$ をそれぞれ **Euclid 空間**（単に**空間**），**Euclid 平面**（単に**平面**）という．平面 $\boldsymbol{R}^2$ は，点 $(x, y) \in \boldsymbol{R}^2$ を点 $(x, y, 0) \in \boldsymbol{R}^3$ と同一視して，$\boldsymbol{R}^3$ の部分空間とみなすことがある：$\boldsymbol{R}^2 \subset \boldsymbol{R}^3$．

練習問題

1.1 (1)　ベクトル $(1, 1, 0)$，$(0, 1, 1)$ の 1 次独立性を調べよ．

(2)　ベクトル $(1, 1, 1)$，(a, b, c)，(a^2, b^2, c^2) の 1 次独立性を調べよ．

1.2　ベクトル $\boldsymbol{a}, \boldsymbol{b}, \boldsymbol{c}$ に対し，次の等式(1), (2)を証明せよ．

(1)　$(\boldsymbol{a} \times \boldsymbol{b}) \times \boldsymbol{c} = (\boldsymbol{a}, \boldsymbol{c})\boldsymbol{b} - (\boldsymbol{b}, \boldsymbol{c})\boldsymbol{a}$

(2)　$\boldsymbol{a} \times (\boldsymbol{b} \times \boldsymbol{c}) = (\boldsymbol{c}, \boldsymbol{a})\boldsymbol{b} - (\boldsymbol{a}, \boldsymbol{b})\boldsymbol{c}$

1.3　ベクトル $\boldsymbol{a}, \boldsymbol{b}, \boldsymbol{c}, \boldsymbol{d}$ に対し，次の等式(1)〜(4)が成り立つことを示せ．

(1)　$(\boldsymbol{a} \times \boldsymbol{b}) \times \boldsymbol{c} + (\boldsymbol{b} \times \boldsymbol{c}) \times \boldsymbol{a} + (\boldsymbol{c} \times \boldsymbol{a}) \times \boldsymbol{b} = \boldsymbol{0}$

(2)　$(\boldsymbol{a} \times \boldsymbol{b}, \boldsymbol{c} \times \boldsymbol{d}) = (\boldsymbol{a}, \boldsymbol{c})(\boldsymbol{b}, \boldsymbol{d}) - (\boldsymbol{a}, \boldsymbol{d})(\boldsymbol{b}, \boldsymbol{c})$

(3)　$(\boldsymbol{a} \times \boldsymbol{b}, \boldsymbol{c} \times \boldsymbol{d}) + (\boldsymbol{b} \times \boldsymbol{c}, \boldsymbol{a} \times \boldsymbol{d}) + (\boldsymbol{c} \times \boldsymbol{a}, \boldsymbol{b} \times \boldsymbol{d}) = 0$

(4)　$(\boldsymbol{a} \times \boldsymbol{b}) \times (\boldsymbol{c} \times \boldsymbol{d}) = (\boldsymbol{a}, \boldsymbol{c}, \boldsymbol{d})\boldsymbol{b} - (\boldsymbol{b}, \boldsymbol{c}, \boldsymbol{d})\boldsymbol{a}$

$$= (\boldsymbol{a}, \boldsymbol{b}, \boldsymbol{d})\boldsymbol{c} - (\boldsymbol{a}, \boldsymbol{b}, \boldsymbol{c})\boldsymbol{d}$$

1.4　ベクトル $\boldsymbol{a}, \boldsymbol{b}, \boldsymbol{c}, \boldsymbol{l}, \boldsymbol{m}, \boldsymbol{n}$ に対し，次の等式を証明せよ．

$$(\boldsymbol{a}, \boldsymbol{b}, \boldsymbol{c})(\boldsymbol{l}, \boldsymbol{m}, \boldsymbol{n})=\begin{vmatrix} (\boldsymbol{a}, \boldsymbol{l}) & (\boldsymbol{a}, \boldsymbol{m}) & (\boldsymbol{a}, \boldsymbol{n}) \\ (\boldsymbol{b}, \boldsymbol{l}) & (\boldsymbol{b}, \boldsymbol{m}) & (\boldsymbol{b}, \boldsymbol{n}) \\ (\boldsymbol{c}, \boldsymbol{l}) & (\boldsymbol{c}, \boldsymbol{m}) & (\boldsymbol{c}, \boldsymbol{n}) \end{vmatrix}$$

1.5　$\boldsymbol{e}$ を単位ベクトルとするとき，任意のベクトル $\boldsymbol{a}$ は

$$\boldsymbol{a}=(\boldsymbol{a}, \boldsymbol{e})\boldsymbol{e}+\boldsymbol{e}\times(\boldsymbol{a}\times\boldsymbol{e})$$

と表されることを示せ．なお，この右辺の第2項は(これが $\boldsymbol{0}$ でないならば) $\boldsymbol{e}$ に直交するベクトルである．

1.6(1)　3点 A(1, 1, 1)，B(2, 3, 4)，C(2, 4, 5) を頂点とする3角形の面積 S を求めよ．

(2)　A(1, 1, 1)，B(2, 3, 4)，C(9, 10, 5)，D(8, 7, 6) に対し，AB，AC，AD の3辺より作られる平行6面体の体積 V を求めよ．

1.7(1)　異なる2点 $\boldsymbol{a}, \boldsymbol{b}$ を通る直線の方程式を求めよ．

(2)　同一直線上にない3点 $\boldsymbol{a}, \boldsymbol{b}, \boldsymbol{c}$ を通る平面の方程式を求めよ．

1.8(1)　点 $\mathrm{P}(p, q, r)$ より直線

$$\frac{x-a}{l}=\frac{y-b}{m}=\frac{z-c}{n}$$

へ下した垂線の長さ h を求めよ．

(2)　点 $\mathrm{P}(p, q, r)$ より平面

$$lx+my+nz=d$$

へ下した垂線の長さ h を求めよ．

1.9(1)　球面 $S^2=\{(x, y, z)\in\boldsymbol{R}^3 \mid x^2+y^2+z^2=1\}$ は $\boldsymbol{R}^3$ の閉集合であることを示せ．

(2)　集合 $D=\{(x, y, 0)\in\boldsymbol{R}^3 \mid x^2+y^2<1\}$ は $\boldsymbol{R}^2$ の開集合であるが，$\boldsymbol{R}^3$ の開集合でないことを示せ．

(3)　集合 $D=\{(x, y, 0)\in\boldsymbol{R}^3 \mid x^2+y^2<1\}$ は $\boldsymbol{R}^2$ の開領域であることを示せ．

第2章

曲線と曲面

第1章では，ベクトル $\boldsymbol{a}$ の成分 a_1, a_2, a_3 が定数であったが，この章では，各成分 a_i が変数 t，2変数 u, v，あるいは3変数 x, y, z の関数である場合を考えよう．

このベクトル $\boldsymbol{a}$ を調べるために，以下に述べるように，$\boldsymbol{a}$ を微分したり積分したりする．そこで，この微分と積分について少し注意しておこう．一般に，関数 $f(t)$ を微分や積分する：

$$\frac{df}{dt}(t), \qquad \int_a^b f(t)dt$$

とき，微分は，関数 $f(t)$ の定義域が開区間 (a, b) である必要があり，積分のときには，関数 $f(t)$ の定義域が有界な閉区間 $[a, b]$ である必要が起る．そこで，関数 $f(t)$ を微分し，それから，その導関数 $\dfrac{df}{dt}(t)$ を積分するとき，その定義域の端点でどう取り扱うかということが常に問題になる．このことは2変数の関数 $f(u, v)$ のときも同様であって，微分 $\dfrac{\partial f}{\partial u}(u, v)$，$\dfrac{\partial f}{\partial v}(u, v)$ するときには，関数 $f(u, v)$ の定義域が $\boldsymbol{R}^2$ の開集合である必要があり，積分 $\iint_D f(u, v)dudv$ をするときには，D が $\boldsymbol{R}^2$ の有界な閉領域である必要が起る．関数 $f(u, v)$を微分し，それをまた積分するとき，関数 $f(u, v)$ の定義域Dの境界 ∂D における動向が常に問題になる．この困難を避けるために，関数f に条件をつけたり，いろいろな工夫を要する所であるが，以下の話では，少し注意を与えるだけで，詳しく述べていない．3変数の関数 $f(x, y, z)$のときも同様である．

2.1　ベクトルの微分

2.1.1　$\boldsymbol{R}^3$ のベクトル

$$\boldsymbol{a}(t)=(a_1(t), a_2(t), a_3(t))$$

の各成分 $a_i(t)$ が $\boldsymbol{R}$ の開区間で定義された可微分関数であるとき，$\boldsymbol{a}(t)$ を**可微分ベクトル**という．以下，各 $a_i(t)$ は必要な回数だけ微分可能であるとしておく．さて，$\boldsymbol{a}(t)$ の**微分ベクトル** $\dfrac{d\boldsymbol{a}}{dt}(t)$ を

$$\frac{d\boldsymbol{a}}{dt}(t)=\left(\frac{da_1}{dt}(t), \frac{da_2}{dt}(t), \frac{da_3}{dt}(t)\right)$$

で定義する．

2.1.2 補題　ベクトルの微分に関して，次の(1)～(4)

(1)　$\dfrac{d}{dt}(\boldsymbol{a}(t)+\boldsymbol{b}(t))=\dfrac{d\boldsymbol{a}}{dt}(t)+\dfrac{d\boldsymbol{b}}{dt}(t)$

(2)　$\dfrac{d}{dt}(f(t)\boldsymbol{a}(t))=\dfrac{df}{dt}(t)\boldsymbol{a}(t)+f(t)\dfrac{d\boldsymbol{a}}{dt}(t)$　($f(t)$ は可微分関数であるとする)

(3)　$\dfrac{d}{dt}(\boldsymbol{a}(t)\boldsymbol{b}(t))=\dfrac{d\boldsymbol{a}}{dt}(t)\boldsymbol{b}(t)+\boldsymbol{a}(t)\dfrac{d\boldsymbol{b}}{dt}(t)$

(4)　$\dfrac{d}{dt}(\boldsymbol{a}(t)\times\boldsymbol{b}(t))=\dfrac{d\boldsymbol{a}}{dt}(t)\times\boldsymbol{b}(t)+\boldsymbol{a}(t)\times\dfrac{d\boldsymbol{b}}{dt}(t)$

が成り立つ．

証明　いずれも容易である．

各成分 $a_i(u, v)$ が，$\boldsymbol{R}^2$ の開領域で定義された可微分関数であるベクトル

$$\boldsymbol{a}(u, v)=(a_1(u, v), a_2(u, v), a_3(u, v))$$

に対しても，ベクトル $\boldsymbol{a}$ の**微分ベクトル** $\dfrac{\partial\boldsymbol{a}}{\partial u}$, $\dfrac{\partial\boldsymbol{a}}{\partial v}$ が

$$\frac{\partial\boldsymbol{a}}{\partial u}(u, v)=\left(\frac{\partial a_1}{\partial u}(u, v), \frac{\partial a_2}{\partial u}(u, v), \frac{\partial a_3}{\partial u}(u, v)\right),$$

$$\frac{\partial \boldsymbol{a}}{\partial v}(u, v)=\left(\frac{\partial a_1}{\partial v}(u, v), \frac{\partial a_2}{\partial v}(u, v), \frac{\partial a_3}{\partial v}(u, v)\right)$$

で定義される．同様に，ベクトル

$$\boldsymbol{a}(x, y, z)=(a_1(x, y, z), a_2(x, y, z), a_3(x, y, z))$$

に対しても，**微分ベクトル** $\dfrac{\partial \boldsymbol{a}}{\partial x}$，$\dfrac{\partial \boldsymbol{a}}{\partial y}$，$\dfrac{\partial \boldsymbol{a}}{\partial z}$ が定義できる．そして，これらに関しても，補題2.1.2と同様な公式が成り立つ．

2.2 曲線の定義

2.2.1 $\boldsymbol{R}^3$ の可微分ベクトル

$$\boldsymbol{x}(t)=(x(t), y(t), z(t)), \qquad a \leqq t \leqq b$$

は，変数 t が a から b まで変化するとき，点 $\boldsymbol{x}(t)$ は $\boldsymbol{R}^3$ の1つの曲線を描くと考えられる．これを parameter t で表示された**空間曲線**(単に**曲線**)という．この曲線の定義域は閉区間 $[a, b]$ であるとしたが，曲線により開区間 (a, b)，$(-\infty, \infty)$ のこともあり，その他いろいろあり得る．さて，この曲線 $\boldsymbol{x}(t)$ の微分 $\dfrac{d\boldsymbol{x}}{dt}(t)$ を考えるとき，曲線の定義域が閉区間 $[a, b]$ のときには，(2章の序で述べたように)，その端点 $t=a, b$ における微分が問題になる．そこで，$\boldsymbol{x}(t)$ の定義域が $[a, b]$ を含む開区間 (α, β) にまで(可微分に)拡張されるとしておく．しかし，そうならないものを取り扱うこともあるが，その時には，$\dfrac{d\boldsymbol{x}}{dt}(t)$ は両端 a, b を除いた $a<t<b$ で定義されているものとする．ただし，その時でも，以下で行うような積分は $a \leqq t \leqq b$ で可能であるとしておかなければならない(例2.4.4参照)．

$\alpha \quad a \qquad\qquad b \quad \beta$

2.2.2 2つの曲線

$$\boldsymbol{x}_1(t), \qquad a \leqq t \leqq b,$$
$$\boldsymbol{x}_2(t), \qquad c \leqq t \leqq d$$

に対し，曲線 $\boldsymbol{x}_1(t)$ の終点と曲線 $\boldsymbol{x}_2(t)$ の始点が一致している：$\boldsymbol{x}_1(b)=$

$\boldsymbol{x}_2(c)$ のとき，これ全体も 1 つの曲線とみることにする．この曲線を **1 点で結合した曲線**という．この曲線は結合点では可微分になるとは限らない．

この意味で，このような曲線を**区分的可微分曲線**という．区分的可微分曲線は，結合されている各曲線 $\boldsymbol{x}_i(t)$ を調べれば十分であるということで，以下，曲線 $\boldsymbol{x}(t)$ は 1 つの parameter で表示されているものを主として取り扱うものとする．なお，始点と終点が一致する曲線を**閉曲線**という．

2.2.3 例　$\boldsymbol{x}(t)=(a\cos t, a\sin t, bt),$

$$-\infty<t<\infty \quad (a, b>0)$$

は，円柱 $x^2+y^2=a^2$ 上における，右図のような螺旋曲線である．この曲線を**常螺旋** (helix)という．

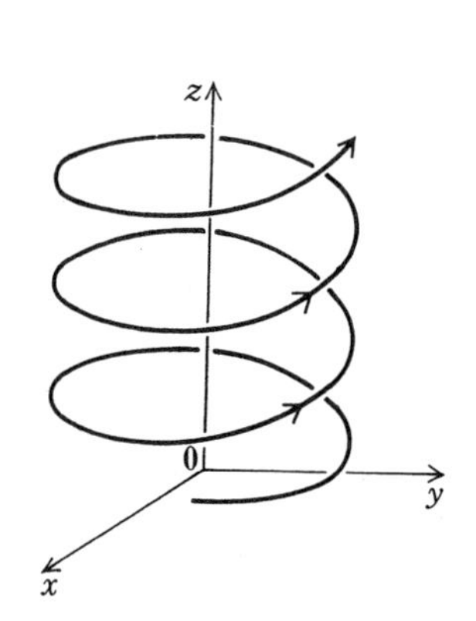

2.2.4 例　$\boldsymbol{x}(t)=(a\cos t, a\sin t, 0),$

$$0\leqq t\leqq 2\pi \quad (a>0)$$

は，原点 $\mathbf{0}$ を中心とする半径 a の，(xy-平面上にある)円である．t が 0 から 2π まで動くとき，点 $\boldsymbol{x}(t)$ はこの円周上を丁度一周する．$0<t<2\pi$ のとき，$t\to\boldsymbol{x}(t)$ は 1：1 に対応しているが，$t=0, 2\pi$ に対しては，共に同じ点 $(a, 0, 0)$ に移り，1：1 でなくなり，この点が他の点と異なる取り扱いになる．円は丸い図形で，どこから見ても同じ形をしているのに，1 点だけを特別視するのは不自然である．そもそも，円をこれと位相が異なる閉区間 $[0, 2\pi]$ で完全に表示しようとすることに無理があるのであって，このような特異な点が生ずるのは当然であるといえる．この不自然さを避けるためには，多様体の概念の導入が必要となるが，本書では触れないことにした．しか

し，この円の場合，特異な点が 1 点だけであるので，以下の話では(例えば，円上で積分をするとき等)大きい障害にはならないので，気にしないでおこう．

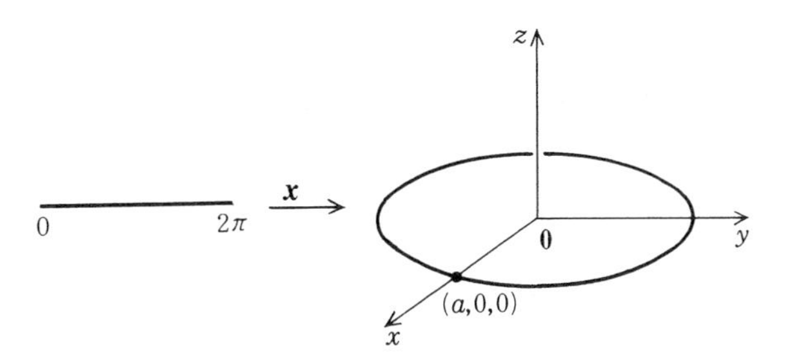

円には，次のような parameter 表示も可能である．すなわち，円を 2 つの曲線

$$\boldsymbol{x}_1(x)=(-x, \sqrt{a^2-x^2}, 0), \qquad -a \leqq x \leqq a,$$
$$\boldsymbol{x}_2(x)=(x, -\sqrt{a^2-x^2}, 0), \qquad -a \leqq x \leqq a$$

を曲線 $\boldsymbol{x}_1$ の終点 $(-a, 0, 0)$ と曲線 $\boldsymbol{x}_2$ の始点 $(-a, 0, 0)$ で結合したものとみるのである．この曲線 $\boldsymbol{x}_1(x)$, $\boldsymbol{x}_2(x)$ はいずれも $x=\pm a$ の所では微

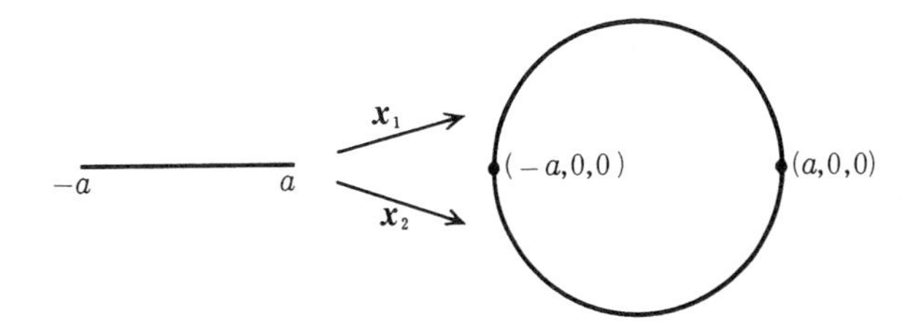

分できないし，また，定義域を $-a \leqq x \leqq a$ 以上に延長することができない．しかし，図から想像できるように，結合点でも円は滑らかになっている．これも多様体の概念を用いると，これらのことが解明されるが，ここでは気にしないでおこう．なお，円は閉曲線である．

2.3　曲線の接線ベクトル

2.3.1 定義　C：$\boldsymbol{x}(t)=(x(t), y(t), z(t))$ を曲線とする．$t=t_0$ のとき

$$\frac{d\boldsymbol{x}}{dt}(t_0)=\left(\frac{dx}{dt}(t_0), \frac{dy}{dt}(t_0), \frac{dz}{dt}(t_0)\right)\neq\boldsymbol{0}$$

ならば，これを曲線Cの点 $\boldsymbol{x}(t_0)$ における**接線ベクトル**という．接線ベクトル $\dfrac{d\boldsymbol{x}}{dt}(t_0)$の始点は原点 $\boldsymbol{0}$ であるが，平行移動して，その始点が点 $\boldsymbol{x}(t_0)$ にあるようにしておく方が考え易いことがある．そこで，以下，接線ベクトルを図示するときには，そのようにしておくことにする．

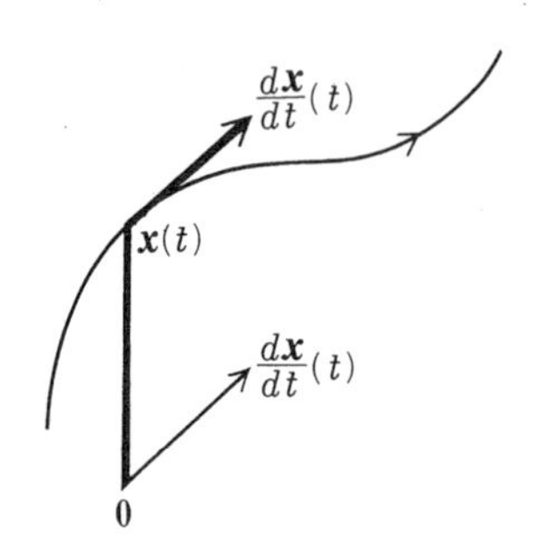

さて，点 $\boldsymbol{x}(t_0)$ を通り傾きが $\dfrac{d\boldsymbol{x}}{dt}(t_0)$ である直線

$$\boldsymbol{x}-\boldsymbol{x}(t_0)=\tau\frac{d\boldsymbol{x}}{dt}(t_0), \qquad \tau\in\boldsymbol{R}$$

すなわち

$$\frac{x-x(t_0)}{\dfrac{dx}{dt}(t_0)}=\frac{y-y(t_0)}{\dfrac{dy}{dt}(t_0)}=\frac{z-z(t_0)}{\dfrac{dz}{dt}(t_0)}$$

を，曲線Cの点 $\boldsymbol{x}(t_0)$ における**接線**という．以下の話では，曲線 $\boldsymbol{x}(t)$ の各点で接線が引けるものとしたいため，常に $\dfrac{d\boldsymbol{x}}{dt}\neq 0$ であると仮定しておく．(ただし，曲線の結合点では，接線をもつとは限らない)．

2.3.2 速度と加速度　物理学では，曲線

$$\boldsymbol{x}(t)=(x(t), y(t), z(t))$$

は，時間 t に対する質点の運動であるとみなしている．このとき

$$\boldsymbol{v}(t)=\frac{d\boldsymbol{x}}{dt}(t)$$

を**速度ベクトル**(単に**速度**)といい，その大きさ

$$v(t)=|\boldsymbol{v}(t)|=\left|\frac{d\boldsymbol{x}}{dt}(t)\right|=\sqrt{\left(\frac{dx}{dt}(t)\right)^2+\left(\frac{dy}{dt}(t)\right)^2+\left(\frac{dz}{dt}(t)\right)^2}$$

を**速さ**という．さらに

$$\boldsymbol{\alpha}(t)=\frac{d\boldsymbol{v}}{dt}(t)=\frac{d^2\boldsymbol{x}}{dt^2}(t)$$

を**加速度ベクトル**(単に**加速度**)といい，その大きさ

$$\alpha(t)=|\boldsymbol{\alpha}(t)|=\left|\frac{d\boldsymbol{v}}{dt}(t)\right|=\sqrt{\left(\frac{d^2x}{dt^2}(t)\right)^2+\left(\frac{d^2y}{dt^2}(t)\right)^2+\left(\frac{d^2z}{dt^2}(t)\right)^2}$$

を**加速度の大きさ**という．

2.3.3 例 質点 $\boldsymbol{x}$ が時間 t に対して

$$\boldsymbol{x}(t)=(\rho\cos\omega t, \rho\sin\omega t, b)$$

$(\rho>0,\ \omega>0)$の運動をするとき，その速度 $\boldsymbol{v}(t)$ は

$$\boldsymbol{v}(t)=(-\rho\omega\sin\omega t, \rho\omega\cos\omega t, 0)$$
$$=\rho\omega(-\sin\omega t, \cos\omega t, 0)$$

であり，その速さ $v(t)$ は

$$v(t)=|\boldsymbol{v}(t)|=\rho\omega$$

である(1.3.10)．

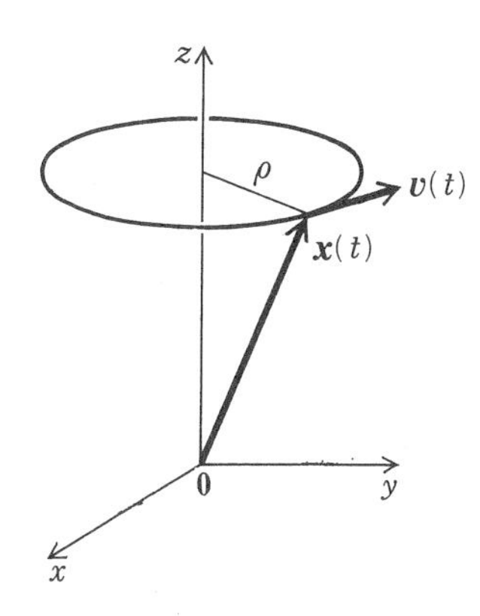

2.4 曲線の長さ

2.4.1 定義 曲線

$$\boldsymbol{x}(t)=(x(t), y(t), z(t)),\quad a\leqq t\leqq b$$

に対し

$$l=\int_a^b\left|\frac{d\boldsymbol{x}}{dt}(t)\right|dt$$
$$=\int_a^b\sqrt{\left(\frac{dx}{dt}(t)\right)^2+\left(\frac{dy}{dt}(t)\right)^2+\left(\frac{dz}{dt}(t)\right)^2}\,dt$$

を曲線の**長さ**という．(曲線の長さ l は，直観的には，微小な接線ベクトル $\dfrac{d\boldsymbol{x}}{dt}$ の長さ $\left|\dfrac{d\boldsymbol{x}}{dt}\right|$ の総和である)．

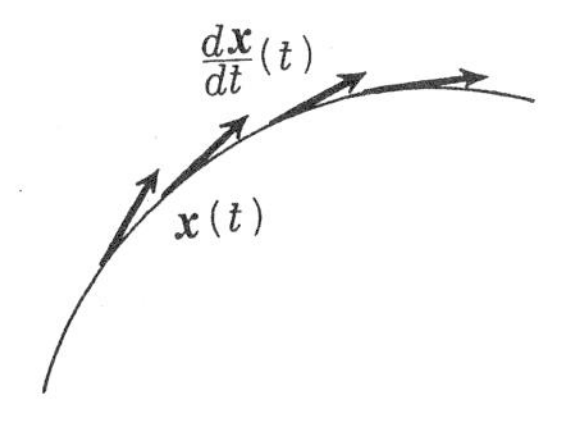

2.4.2 例　円 $\boldsymbol{x}(t)=(a\cos t, a\sin t, 0)$，$0\leqq t\leqq 2\pi$ の長さは $2\pi a$ である．実際，

$$l=\int_0^{2\pi}\sqrt{(-a\sin t)^2+(a\cos t)^2}\,dt=\int_0^{2\pi}a\,dt=a\big[t\big]_0^{2\pi}=2\pi a$$

である．

2.4.3 例　常螺旋 $\boldsymbol{x}(t)=(a\cos t, a\sin t, bt)$，$0\leqq t\leqq s$ の長さは $\sqrt{a^2+b^2}\,s$ である．計算は例2.4.2と同様であるので省略する．

2.4.4 例　放物線 $\boldsymbol{x}(x)=(x, \sqrt{x}, 0)$，$0\leqq x\leqq 1$ の長さを求めよう．

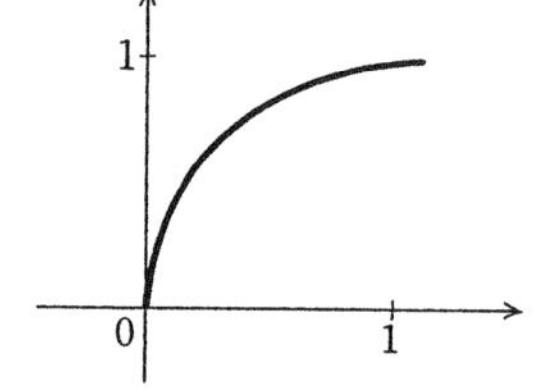

$$\frac{d\boldsymbol{x}}{dx}(x)=\left(1, \frac{1}{2\sqrt{x}}, 0\right)$$

であるから，求める長さは

$$\int_0^1\left|\frac{d\boldsymbol{x}}{dx}(x)\right|dx=\int_0^1\sqrt{1+\frac{1}{4x}}\,dx$$

（$t=2\sqrt{x}$ とおくと，$x=\dfrac{t^2}{4}$ より $dx=\dfrac{1}{2}t\,dt$ となるので）

$$\begin{aligned}
&=\int_0^2\sqrt{1+\frac{1}{t^2}}\,\frac{1}{2}t\,dt=\frac{1}{2}\int_0^2\sqrt{t^2+1}\,dt\\
&=\frac{1}{2}\left[\frac{1}{2}\left(t\sqrt{t^2+1}+\log\left(t+\sqrt{t^2+1}\right)\right)\right]_0^2\\
&=\frac{1}{4}\left(2\sqrt{5}+\log(2+\sqrt{5})\right)
\end{aligned}$$

となる．この例では，曲線の定義域 $0\leqq x\leqq 1$ を，これを含む開区間 $-\delta<x<1+\delta$ $(\delta>0)$ にまで拡張することができないし，かつ，曲線は $x=0$ で微分不可能である．しかし，上に示したような曲線の長さは求められる．なお，積分 $\int_0^1$ は $\lim_{\varepsilon\to+0}\int_\varepsilon^1$ の意味である．

2.4.5　曲線 C：$\boldsymbol{x}(t)=(x(t), y(t), z(t))$，$a\leqq t\leqq b$ の点 $\boldsymbol{x}(a)$ から点 $\boldsymbol{x}(t)$ までの長さは

$$s=s(t)=\int_a^t\left|\frac{d\boldsymbol{x}}{dt}(t)\right|dt$$

であった（定義2.4.1）．この s を t の関数とみて微分すると

$$\frac{ds}{dt}=\left|\frac{d\boldsymbol{x}}{dt}\right| \qquad \text{(i)}$$

となる．(i)の事実を，形式的に

$$ds=\left|\frac{d\boldsymbol{x}}{dt}\right|dt$$

で表わし，ds をこの曲線 $\boldsymbol{x}(t)$ の**線素**という．さて，つねに $\dfrac{d\boldsymbol{x}}{dt}(t)\neq 0$ であると仮定したので，(i)より $\dfrac{ds}{dt}(t)>0$ となるから，$s(t)$ は t の増加関数である．(この事実は，$\dfrac{d\boldsymbol{x}}{dt}(t)=\boldsymbol{0}$ となる t があっても，それらが孤立しているならば成り立つ)．よって，$s=s(t)$の逆関数 $t=t(s)$ が存在し，$t(s)$ は s の可微分関数である．この $t(s)$ を曲線 $\boldsymbol{x}(t)$ の t に代入して，parameter s の曲線

$$\boldsymbol{x}(t(s)), \qquad 0\leqq s\leqq l$$

(l は曲線Cの長さ)をつくることができる．こうしてできた曲線 $\boldsymbol{x}(t(s))$ を，曲線Cの**弧長 $\boldsymbol{s}$ による parameter 表示**という．parameter を弧長に取り替えても，曲線の $\boldsymbol{R}^3$ の中で描く図形はもとの曲線のと同じである．

2.4.6 命題　曲線 $\boldsymbol{x}(s)$ が弧長 s により parameter 表示されているならば，各点における接線ベクトルの長さは1である：

$$\left|\frac{d\boldsymbol{x}}{ds}(s)\right|=1$$

証明　2.4.5 の記号をそのまま用いる．関数 $s=s(t)$ の逆関数 $t=t(s)$ の微分が，2.4.5(i) より，$\dfrac{dt}{ds}=1\Big/\dfrac{ds}{dt}=1\Big/\left|\dfrac{d\boldsymbol{x}}{dt}\right|$ となることを用いると，

$$\left|\frac{d\boldsymbol{x}}{ds}\right|=\left|\frac{d\boldsymbol{x}}{dt}\frac{dt}{ds}\right|=\left|\frac{d\boldsymbol{x}}{dt}\right|\frac{dt}{ds}=\left|\frac{d\boldsymbol{x}}{dt}\right|\Big/\left|\frac{d\boldsymbol{x}}{dt}\right|=1$$

となる．

2.4.7 例　次の3つの曲線

$$C_1：\boldsymbol{x}_1(t)=(t,\ t,\ t), \qquad 0\leqq t\leqq 1,$$

$$C_2：\boldsymbol{x}_2(t)=(t^3,\ t^3,\ t^3), \qquad 0\leqq t\leqq 1,$$

$$C_3 : \boldsymbol{x}_3(t)=(-t,\ -t,\ -t),\quad -1\leqq t\leqq 0$$

はいずれも原点 $\mathbf{0}$ と点 $(1,1,1)$ を結ぶ線分であるが，これらの3つの曲線は異なっている．実際，点の曲線上を動く速度が異なっている．いま，弧長 s を parameter にとると，曲線 C_1, C_2 はともに

$$C : \boldsymbol{x}(s)=\frac{1}{\sqrt{3}}(s,\ s,\ s),\qquad 0\leqq s\leqq\sqrt{3}$$

となり，曲線 C_3 は

$$\overline{C} : \bar{\boldsymbol{x}}(s)=\left(1-\frac{s}{\sqrt{3}},1-\frac{s}{\sqrt{3}},1-\frac{s}{\sqrt{3}}\right),\qquad 0\leqq s\leqq\sqrt{3}$$

となる．以下の話では，(これらの曲線をすべて異なるとみることも当然あり得るが)，C_1, C_2, C は同じ曲線とみなすことが多い．しかし，曲線 C_3 は $\overline{C}$ と同じ曲線とみなすのであるが，C_1, C_2, C とは向きが逆の曲線とみなして区別している．そこで，次の定義を与える．

2.4.8 定義　$C : \boldsymbol{x}(t), a\leqq t\leqq b$ を曲線とする．

(1)　可微分関数 $t=t(\tau)$，$\alpha\leqq\tau\leqq\beta$，$\dfrac{dt}{d\tau}>0$，$t(\alpha)=a$，$t(\beta)=b$ を用いて parameter を τ に変えた曲線

$$\boldsymbol{x}_1(\tau)=\boldsymbol{x}(t(\tau)),\qquad \alpha\leqq\tau\leqq\beta$$

は，$\boldsymbol{x}(t)$ と同じ曲線とみなす．

(2)　可微分関数 $t=t(\tau)$，$\alpha\leqq\tau\leqq\beta$，$\dfrac{dt}{d\tau}<0$，$t(\alpha)=b$，$t(\beta)=a$ を用いて parameter を τ に変えた曲線

$$\boldsymbol{x}_2(\tau)=\boldsymbol{x}(t(\tau)),\qquad \alpha\leqq\tau\leqq\beta$$

は $\boldsymbol{x}(t)$ の**向きを逆にした曲線**という．この曲線を(第4章では) $-C$ で表すことになる．

2.5　曲線の曲率と捩率

2.5.1 Frenet-Serret の公式　$\boldsymbol{x}(s)$ を弧長 s で parameter 表示された曲線とする．以下，s に関する微分を $'$ で表すことにする．

$$\boldsymbol{t}(s)=\boldsymbol{x}'(s)$$

とおくと $|\boldsymbol{t}(s)|=1$ である（命題2.4.6）.

$$\kappa(s)=|\boldsymbol{t}'(s)|$$

とおき，$\kappa(s)$ を曲線 $\boldsymbol{x}(s)$ の**曲率**という．われわれは，$\kappa(s)\neq 0$ と仮定しているので，$\kappa(s)>0$ である．(もし，$\kappa(s)=0$ となる s が孤立しているならば，その点で曲線を2つに分けて考察することにしよう)．

$$\boldsymbol{n}(s)=\frac{1}{\kappa(s)}\boldsymbol{t}'(s) \qquad \text{(i)}$$

とおく．($\rho(s)=\dfrac{1}{\kappa(s)}$ を**曲率半径**という)．以下，s を省略して書くことにする．$\boldsymbol{n}$ は $|\boldsymbol{n}|=1$ であり，かつ $\boldsymbol{t}$ と直交している．実際，$\boldsymbol{tt}=1$ を微分すると，$\boldsymbol{t}'\boldsymbol{t}=0$，$\kappa\boldsymbol{nt}=0$ より，$\boldsymbol{nt}=0$ となるからである．$\boldsymbol{tn}=0$ を微分すると，$\boldsymbol{t}'\boldsymbol{n}+\boldsymbol{tn}'=0$ となるが，(i)を用いると

$$\kappa+\boldsymbol{tn}'=0 \qquad \text{(ii)}$$

を得る．

$$\boldsymbol{b}=\boldsymbol{t}\times\boldsymbol{n}$$

とおくと，$\boldsymbol{t}, \boldsymbol{n}, \boldsymbol{b}$ は $\boldsymbol{R}^3$ の正規直交基になっている．$\boldsymbol{nn}=1$ を微分すると $\boldsymbol{n}'\boldsymbol{n}=0$ となり，$\boldsymbol{n}'$ は $\boldsymbol{n}$ と直交する．よって，$\boldsymbol{n}'$ は $\boldsymbol{t}, \boldsymbol{b}$ の張る平面上にあり，$\boldsymbol{n}'$ は $\boldsymbol{n}'=p\boldsymbol{t}+\tau\boldsymbol{b}$ と表される．これに(ii)を用いると，$p=-\kappa$ となるので

$$\boldsymbol{n}'=-\kappa\boldsymbol{t}+\tau\boldsymbol{b} \qquad \text{(iii)}$$

となる．(この $\tau(s)$ を曲線 $\boldsymbol{x}(s)$ の**捩**（れい）**率**という)．$\boldsymbol{nb}=0$ を微分すると $\boldsymbol{n}'\boldsymbol{b}+\boldsymbol{nb}'=0$ となるが，これに(iii)を用いると

$$\tau+\boldsymbol{nb}'=0 \qquad \text{(iv)}$$

となる．$\boldsymbol{bb}=1, \boldsymbol{bt}=0$ を微分して，それぞれ $\boldsymbol{b}'\boldsymbol{b}=0$，$\boldsymbol{b}'\boldsymbol{t}+\boldsymbol{bt}'=0$，さらに，$\boldsymbol{b}'\boldsymbol{t}=0$ を得る．$\boldsymbol{b}'$ は $\boldsymbol{t}, \boldsymbol{b}$ と直交したので，$\boldsymbol{b}'=q\boldsymbol{n}$ と表せるが，(iv)を用いると，$\tau+q=0$，すなわち

$$\boldsymbol{b}'=-\tau\boldsymbol{n}$$

を得る．以上をまとめて

$$\begin{cases} \boldsymbol{t}' = & \kappa \boldsymbol{n} & \\ \boldsymbol{n}' = -\kappa \boldsymbol{t} & & +\tau \boldsymbol{b} \\ \boldsymbol{b}' = & -\tau \boldsymbol{n} & \end{cases}$$

を得る．これを，曲線の **Frenet-Serret の公式**という．

曲線の形状は，その曲率と捩率で決定されることが知られている．すなわち，次の定理が成り立つ．(証明は省略したので，その方面の書をみて下さい)．

2.5.2 定理 弧長を parameter にもつ2つの曲線 $\boldsymbol{x}_1(s), \boldsymbol{x}_2(s)$ に対し，その曲率 $\kappa_1(s), \kappa_2(s)$ と捩率 $\tau_1(s), \tau_2(s)$ が共に一致するならば，2つの曲線 $\boldsymbol{x}_1(s), \boldsymbol{x}_2(s)$ は合同である．すなわち，平行移動と直交変換を行うことにより，$\boldsymbol{x}_1(s)$ を $\boldsymbol{x}_2(s)$ に重ね合せることができる．

2.5.3 例 円 $(a\cos t, a\sin t, 0)$, $0 \leqq t \leqq 2\pi$ の曲率 κ，捩率 τ は，それぞれ

$$\kappa = \frac{1}{a}, \quad \tau = 0$$

である．実際，この円を弧長 s で parameter 表示すると

$$\boldsymbol{x}(s) = \left(a\cos\frac{s}{a}, a\sin\frac{s}{a}, 0\right)$$

となる(例 2.4.2 参照)．これより

$$\boldsymbol{t} = \boldsymbol{x}' = \left(-\sin\frac{s}{a}, \cos\frac{s}{a}, 0\right), \quad \boldsymbol{t}' = \left(-\frac{1}{a}\cos\frac{s}{a}, -\frac{1}{a}\sin\frac{s}{a}, 0\right)$$

となるから

$$\kappa = |\boldsymbol{t}'| = \frac{1}{a} \quad \left(\text{曲率半径 } \rho = \frac{1}{\kappa} = a\right)$$

を得る．さらに，$\boldsymbol{n} = \frac{1}{\kappa}\boldsymbol{t}' = \left(-\cos\frac{s}{a}, -\sin\frac{s}{a}, 0\right)$ より

$$\boldsymbol{n}' = \left(\frac{1}{a}\sin\frac{s}{a}, -\frac{1}{a}\cos\frac{s}{a}, 0\right) = -\frac{1}{a}\boldsymbol{t} + 0\boldsymbol{b}$$

となるから

$$\tau = 0$$

である．(円では $\tau = 0$ であったが，一般に，平面曲線の捩率は0である

ことが示される(問 2.7)．逆に，つねに $\tau=0$ である曲線は，ある平面上の曲線であることが，Frenet-Serret の公式を用いると分かる)．

2.5.4 例 常螺旋 $(a\cos t, a\sin t, bt)$，$-\infty<t<\infty$ の曲率 κ，捩率 τ は，それぞれ

$$\kappa=\frac{a}{a^2+b^2},\quad \tau=\frac{b}{a^2+b^2}$$

である．実際，ある点を基準にとり，その点からの弧長 s で parameter 表示すると

$$\boldsymbol{x}(s)=\left(a\cos\frac{s}{\sqrt{a^2+b^2}},\ a\sin\frac{s}{\sqrt{a^2+b^2}},\ b\frac{s}{\sqrt{a^2+b^2}}\right)$$

となる(例 2.4.3 参照)．あとの計算は，例 2.5.3 の円のときと同様であるので省略する．例 2.5.3，例 2.5.4 では曲率，捩率が定数であったが，これ以外の曲線ではそうとはならず，t(または s)の関数である．

2.6 力学への応用

2.6.1 運動量と力 質量 m の質点 $\boldsymbol{x}$ が，時間 t に対し空間 $\boldsymbol{R}^3$ の中を $\boldsymbol{x}(t)$ の運動するとき，$\boldsymbol{v}(t)=\dfrac{d\boldsymbol{x}}{dt}(t)$ を速度，$\boldsymbol{\alpha}(t)=\dfrac{d^2\boldsymbol{x}}{dt^2}(t)$ を加速度ということは既に述べた(2.3.2)．以下，t を省略して書くことにする．さて

$$m\boldsymbol{v}$$

を質点 $\boldsymbol{x}$ の**運動量**という．このとき，この質点 $\boldsymbol{x}$ に作用する**力** $\boldsymbol{f}$ は

$$\boldsymbol{f}=m\boldsymbol{\alpha}=\frac{d}{dt}(m\boldsymbol{v})$$

で与えられる(**Newton の第 2 法則**)．質点 $\boldsymbol{x}$ と運動量 $m\boldsymbol{v}$ の外積 $\boldsymbol{x}\times m\boldsymbol{v}$ を，原点 $\boldsymbol{0}$ のまわりの**角運動量**といい，また，$\dfrac{1}{2}(\boldsymbol{x}\times\boldsymbol{v})$ を**面積速度**という．

2.6.2 引力場 空間 $\boldsymbol{R}^3$ の原点 $\boldsymbol{0}$ に質量 M の質点を置けば，領域 $\boldsymbol{R}^3-\{\boldsymbol{0}\}$ に引力場 $\boldsymbol{F}$ が生ずるが，それは，定数 $k>0$ を用いて

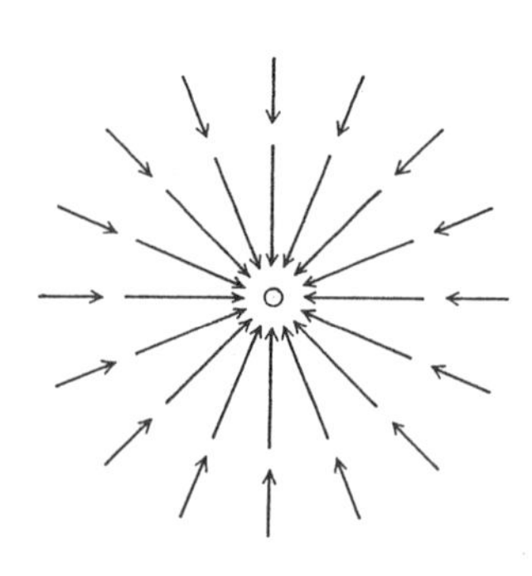

$$\boldsymbol{F}=-kM\frac{\boldsymbol{x}}{r^3},$$

$\boldsymbol{x}=(x, y, z)$，$r=|\boldsymbol{x}|=\sqrt{x^2+y^2+z^2}$ で与えられる．この引力場に質量 m の質点 $\boldsymbol{x}$ があれば，$\boldsymbol{x}$ に作用する力 $\boldsymbol{f}$ は

$$\boldsymbol{f}=-kMm\frac{\boldsymbol{x}}{r^3}$$

で与えられる(**Newton の万有引力の法則**)．

2.6.3 定理 (Köpler の法則)　質量 m の質点 $\boldsymbol{x}$ が引力場 $\boldsymbol{F}=-kM\dfrac{\boldsymbol{x}}{r^3}$ を運動するとき，面積速度は(時間 t に関係なく)一定である．

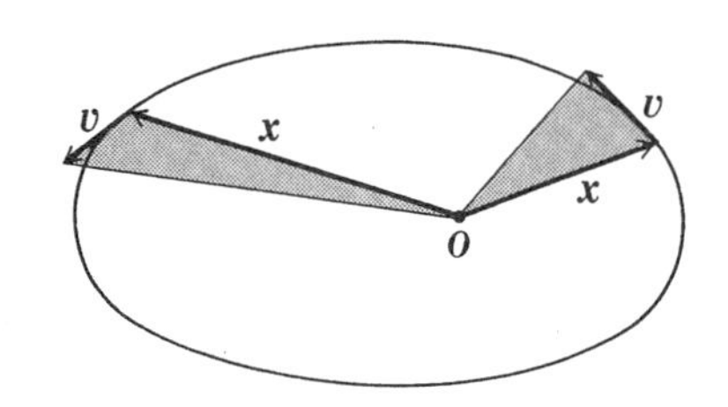

証明　$\boldsymbol{f}=-kM\dfrac{\boldsymbol{x}}{r^3}$ とおき，2.6.1 の記号を用いて，

$$\frac{d}{dt}(\boldsymbol{x}\times\boldsymbol{v})=\boldsymbol{v}\times\boldsymbol{v}+\boldsymbol{x}\times\boldsymbol{\alpha}\quad\text{(補題 2.1.2 (4))}$$

$$=\boldsymbol{x}\times\boldsymbol{\alpha}=\boldsymbol{x}\times\frac{\boldsymbol{f}}{m}=-\frac{kM}{r^3}\boldsymbol{x}\times\boldsymbol{x}=\boldsymbol{0}$$

となる．よって，$\boldsymbol{x}\times\boldsymbol{v}$，当然 $\dfrac{1}{2}(\boldsymbol{x}\times\boldsymbol{v})$ は(t に関係なく)一定である．

2.6.4 定理 (惑星の運動)　質量 m の質点 $\boldsymbol{x}$ が引力場を運動するとき，その軌道は，直線または2次曲線である．

証明　定理 2.6.3 より，面積速度 $\dfrac{1}{2}(\boldsymbol{x}\times\boldsymbol{v})$ は一定であるから

$$\boldsymbol{x}\times\boldsymbol{v}=\boldsymbol{h}$$

とおくと，$\boldsymbol{h}$ は定数ベクトルである．

(1)　$\boldsymbol{h}=\boldsymbol{0}$ のとき．$\boldsymbol{x}\neq\boldsymbol{0}$ としているから，$\boldsymbol{v}=\lambda\boldsymbol{x}, \lambda=\lambda(t)\in\boldsymbol{R}$ (1.3.4 (1))，すなわち $\left(\dfrac{dx}{dt}, \dfrac{dy}{dt}, \dfrac{dz}{dt}\right)=\lambda(x, y, z)$ となる．この微分方程式 $\dfrac{dx}{dt}=$

$\lambda x, \dfrac{dy}{dt}=\lambda y, \dfrac{dz}{dt}=\lambda z$ を解くと

$$x=c_1 e^{\int \lambda dt},\quad y=c_2 e^{\int \lambda dt},\quad z=c_3 e^{\int \lambda dt}$$

(c_i は定数)となり，$\boldsymbol{x}$ は1つの直線上を運動する(例 3.2.2 参照).

(2) $\boldsymbol{h} \neq \boldsymbol{0}$ のとき.

$$\boldsymbol{hx}=(\boldsymbol{x}\times\boldsymbol{v})\boldsymbol{x}=(\boldsymbol{x}\times\boldsymbol{x})\boldsymbol{v}\ (\text{命題 } 1.3.2(4))=\boldsymbol{0v}=0$$

となるので，$\boldsymbol{x}$ は，原点 $\mathbf{0}$ を通り傾き $\boldsymbol{h}$ の平面 Π 上を運動している．さて，

$$\frac{d}{dt}(\boldsymbol{v}\times\boldsymbol{h})=\frac{d\boldsymbol{v}}{dt}\times\boldsymbol{h}=\boldsymbol{\alpha}\times\boldsymbol{h}=\frac{\boldsymbol{f}}{m}\times\boldsymbol{h}=-kM\frac{\boldsymbol{x}}{r^3}\times(\boldsymbol{x}\times\boldsymbol{v})$$

$$=-\frac{kM}{r^3}((\boldsymbol{xv})\boldsymbol{x}-(\boldsymbol{xx})\boldsymbol{v})\ (\text{命題 } 1.3.6)$$

($\boldsymbol{xx}=r^2$ を微分すると，$\boldsymbol{xv}=r\dfrac{dr}{dt}$ となるので)

$$=-\frac{kM}{r^3}\left(r\frac{dr}{dt}\boldsymbol{x}-r^2\boldsymbol{v}\right)$$

$$=kM\left(\frac{1}{r}\boldsymbol{v}-\frac{1}{r^2}\frac{dr}{dt}\boldsymbol{x}\right)=kM\frac{d}{dt}\left(\frac{\boldsymbol{x}}{r}\right)$$

より，$\dfrac{d}{dt}\left(\boldsymbol{v}\times\boldsymbol{h}-kM\dfrac{\boldsymbol{x}}{r}\right)=\mathbf{0}$ となり，これより

$$\boldsymbol{v}\times\boldsymbol{h}-kM\frac{\boldsymbol{x}}{r}=\boldsymbol{c}\quad(\text{定数ベクトル}) \tag{i}$$

となる．$\boldsymbol{h}$ は $\boldsymbol{v}\times\boldsymbol{h}, \boldsymbol{x}$ と直交するから，$\boldsymbol{h}$ は $\boldsymbol{c}$ とも直交している．よって，$\boldsymbol{c}$ は平面 Π 上にあるベクトルである．さて，

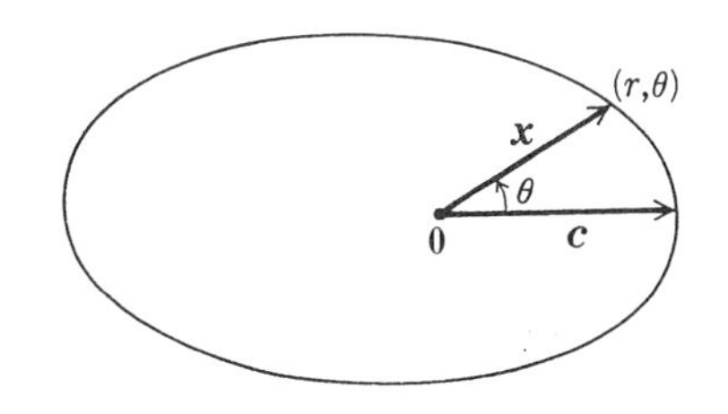

$$\boldsymbol{x}(\boldsymbol{v}\times\boldsymbol{h})=(\boldsymbol{x}\times\boldsymbol{v})\boldsymbol{h}\ (\text{命題 } 1.3.2(4))$$
$$=\boldsymbol{hh}=h^2$$

($h=|\boldsymbol{h}|$ とおいた)に(i)を代入すると，$\boldsymbol{x}\left(kM\dfrac{\boldsymbol{x}}{r}+\boldsymbol{c}\right)=h^2$ より

$$kMr+\boldsymbol{xc}=h^2$$

となる．平面 Π 上に極座標 (r, θ) を導入する（θ は $\boldsymbol{c}$ と $\boldsymbol{x}$ とのなす角）と，上式は，$kMr+r|\boldsymbol{c}|\cos\theta=h^2$ より，

$$r\left(1+\frac{1}{kM}|\boldsymbol{c}|\cos\theta\right)=\frac{h^2}{kM}$$

となる．$e=\dfrac{1}{kM}|\boldsymbol{c}|, a=\dfrac{h^2}{kM}$ とおくと，質点 $\boldsymbol{x}$ の軌道の方程式は

$$r=\frac{a}{1+e\cos\theta}$$

となり，これは2次曲線の極座標表示である．実際，$e<1$ ならば楕円，$e=1$ ならば放物線，$e>1$ ならば双曲線である．

2.7　曲面の定義

2.7.1　$\boldsymbol{R}^3$ の可微分ベクトル

$$\boldsymbol{x}(u, v)=(x(u, v), y(u, v), z(u, v))$$

は変数 (u, v) が $\boldsymbol{R}^2$ の領域 D を動くとき，点 $\boldsymbol{x}(u, v)$ は $\boldsymbol{R}^3$ の1つの曲面を描くと考えられる．これを parameter (u, v) で表示された**曲面**という．以下，$\boldsymbol{x}(u, v)$ の各成分は，u, v に関し必要な回数だけ微分可能であるとしておく．その微分に関して，曲線のときと同様な問題が起るので，それを再記しておこう．$\boldsymbol{x}(u, v)$ の微分 $\dfrac{\partial \boldsymbol{x}}{\partial u}(u, v), \dfrac{\partial \boldsymbol{x}}{\partial v}(u, v)$ を考えるとき，D が閉領域であるときにはその境界 ∂D における微分が問題になる．そこで，$\boldsymbol{x}(u, v)$ の定義域が D を含む開領域 E までに（可微分に）拡張されるとしておく．しかし，そうならないものを取り扱うこともあるが，その時には，$\dfrac{\partial \boldsymbol{x}}{\partial u}, \dfrac{\partial \boldsymbol{x}}{\partial v}$ は境界 ∂D を除いた $D-\partial D$ で定義されているものとする．ただし，その時でも，以下で行うような積分は閉領域 D で可能であるとしておかなければならない．

2.7.2　$\boldsymbol{R}^2$ の閉領域 D で定義された曲面 S：$\boldsymbol{x}(u, v)$ に対し，$\boldsymbol{x}(u, v), (u, v)\in\partial D$ を（時には境界 ∂D の像 $\boldsymbol{x}(\partial D)$ も）曲面 S の**境界**といい，∂S で表す．2つの曲面 S_1, S_2 の境界 $\partial S_1, \partial S_2$ の一部が一致していると

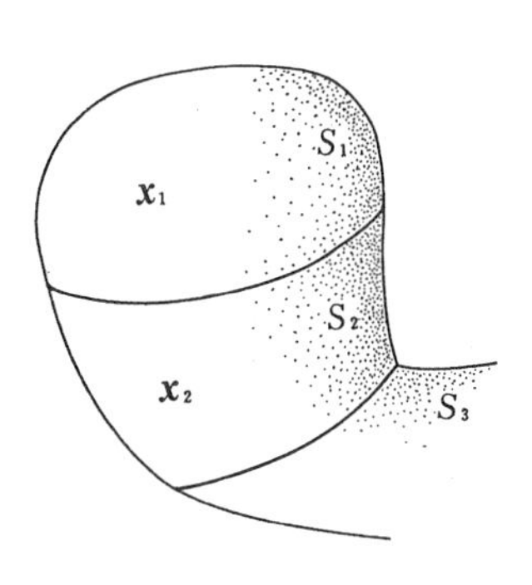

き，これ全体を１つの曲面とみることにする．この曲面を**境界の一部を結合した曲面**という．この新しい曲面 S の境界 ∂S は，境界 ∂S_1, ∂S_2 の和集合から結合した部分（の内部）を除いた部分である．この曲面は結合部分で可微分になるとは限らない．この意味で，このような曲面を**区分的可微分曲面**という．区分的可微分曲面は，結合されている各曲面 $\boldsymbol{x}_i(u, v)$ を調べれば十分であるというわけで，以下，曲面 $\boldsymbol{x}(u, v)$ は１組の parameter で表示されたものを主として取り扱うものとする．なお，境界のない曲面でかつ $\boldsymbol{R}^3$ の有界な閉集合であるものを**閉曲面**という．

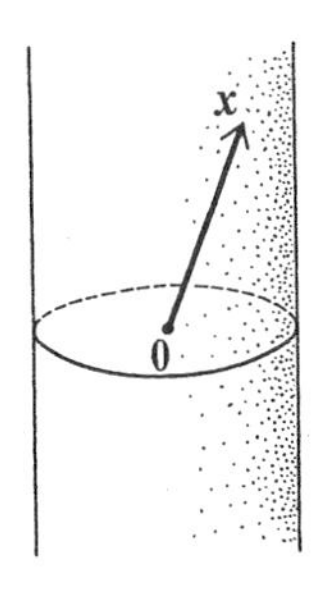

2.7.3 例 $\boldsymbol{x}(u, v)=(a\cos u, a\sin u, v)$

$$0 \leqq u \leqq 2\pi, \quad -\infty < v < \infty \quad (a>0)$$

は，右図のような半径 a の無限に延びた円柱面である．この曲面は境界のない $\boldsymbol{R}^3$ の閉集合であるが，有界でないため，閉曲面ではない．

2.7.4 例 $S : \boldsymbol{x}(u, v)$

$$=(a\sin u\cos v, a\sin u\sin v, a\cos u)$$

$$0 \leqq u \leqq \pi, \quad 0 \leqq v \leqq 2\pi \quad (a>0)$$

は，原点 $\boldsymbol{0}$ を中心とする半径 a の球面である．(u, v) が $\boldsymbol{R}^2$ の閉領域

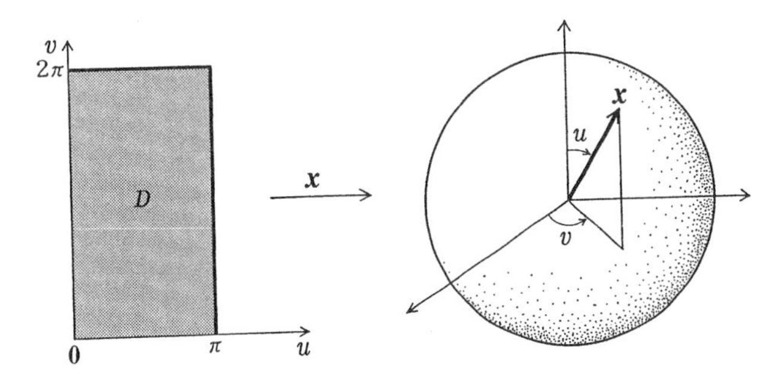

$D=\{(u, v) \in \boldsymbol{R}^2 \mid 0 \leqq u \leqq \pi, \ 0 \leqq v \leqq 2\pi\}$ を動くとき，$\boldsymbol{x}(u, v)$ は球面 S を

覆い，かつ，殆んどの所で，$(u, v) \to \boldsymbol{x}(u, v)$ は1：1に対応しているが，∂D の所では重複が生じている．領域 D と球面 S は位相が異なるので，このような特異な所が生ずるのは当然であるといえる．この困難を避けるには，多様体の概念を用いるとよいが，ここでは触れないでおく．しかし，この球面の場合，特異な部分は曲線であるので，以下の話では(例えば，球面上で積分をするとき等)大きい障害にならないので，気にしないでおこう．

球面 S には，次のような parameter 表示も可能である．すなわち，球面 S を2つの曲面

$$S_1 : \boldsymbol{x}_1(x, y) = (x, y, \sqrt{a^2 - x^2 - y^2}), \quad (x, y) \in D,$$

$$S_2 : \boldsymbol{x}_2(x, y) = (x, y, -\sqrt{a^2 - x^2 - y^2}), \quad (x, y) \in D,$$

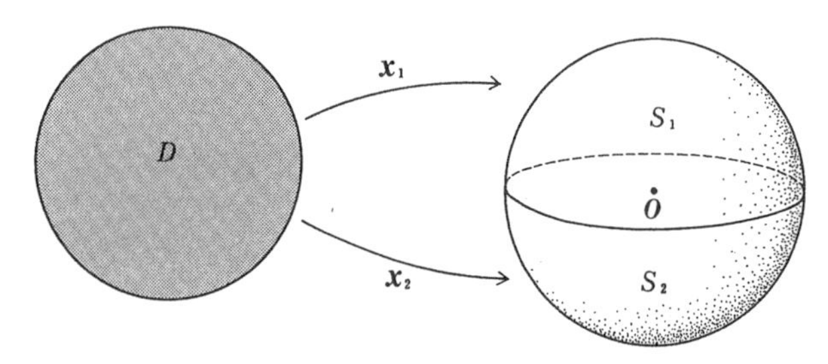

$D = \{(x, y) \in \boldsymbol{R}^2 \mid 0 \leqq x^2 + y^2 \leqq a^2\}$，を結合したものとみるのである．曲面 S_1, S_2 には境界があり，それは赤道であるが，この赤道を結合してできる球面 S には境界はない．したがって，球面 S は閉曲面である．

2.7.5　次の図はいずれも曲面である．

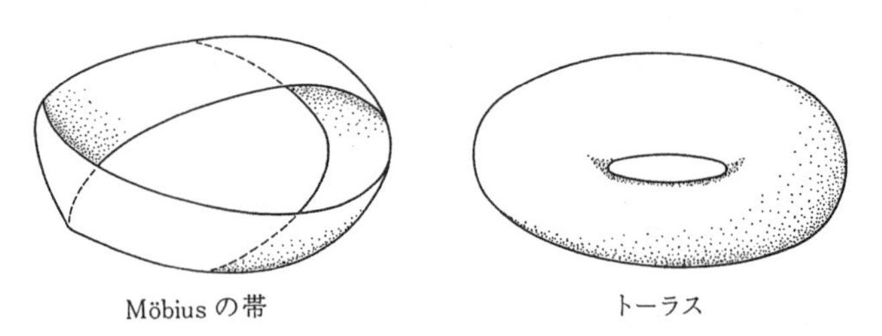

Möbius の帯　　　　トーラス

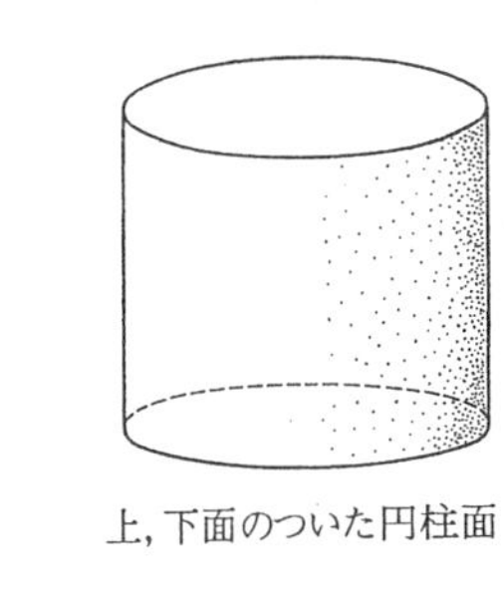

上，下面のついた円柱面

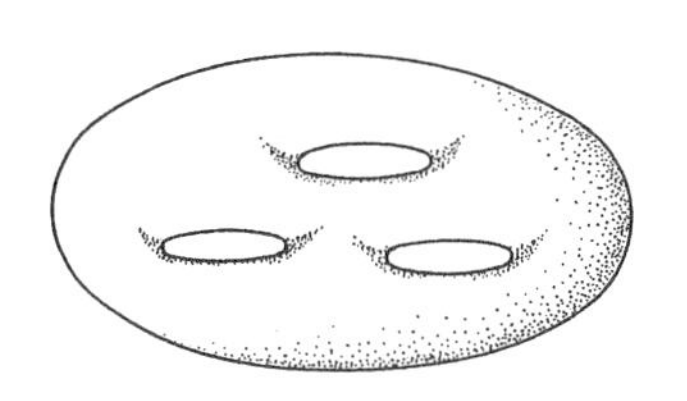

指数 g のトーラス

Möbius の帯とは，矩形 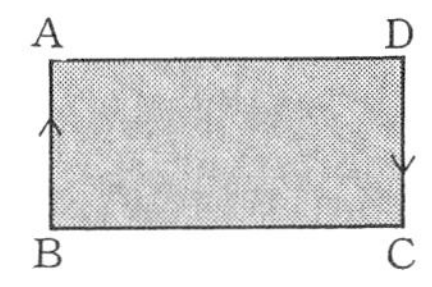

の辺 AB，CD を，向きを逆にしてくっつけてできる曲面である．次の曲面

$$\left(\left(a+v\cos\frac{u}{2}\right)\cos u, \left(a+v\cos\frac{u}{2}\right)\sin u, v\sin\frac{u}{2}\right)$$

$$0\leqq u\leqq 2\pi,\quad -b\leqq v\leqq b\ \ (a>b>0)$$

は，（標準的な）Möbius の帯の parameter 表示である．**トーラス**とは，円を（この外側にあり，かつ，同一平面上にある）直線のまわりに回転してできる曲面である．次の曲面

$$((a+b\cos u)\cos v, (a+b\cos u)\sin v, b\sin u)$$

$$0\leqq u\leqq 2\pi,\quad 0\leqq v\leqq 2\pi\ \ (a>b>0)$$

は，（標準的な）トーラスの parameter 表示である．（この表示は，xz-平面上の円 $(x-a)^2+z^2=b^2$ を z 軸のまわりに回転してできるトーラスで

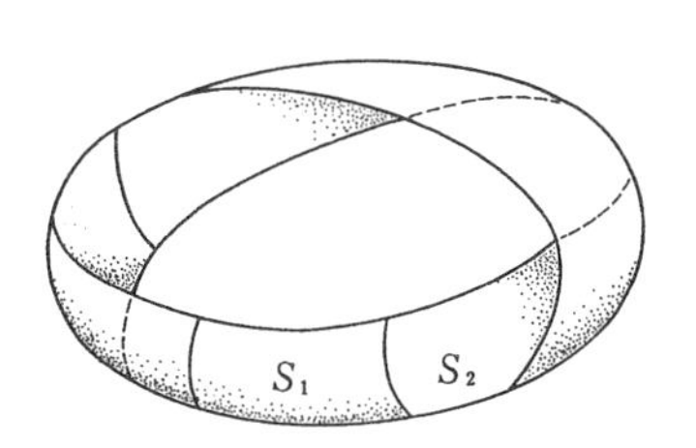

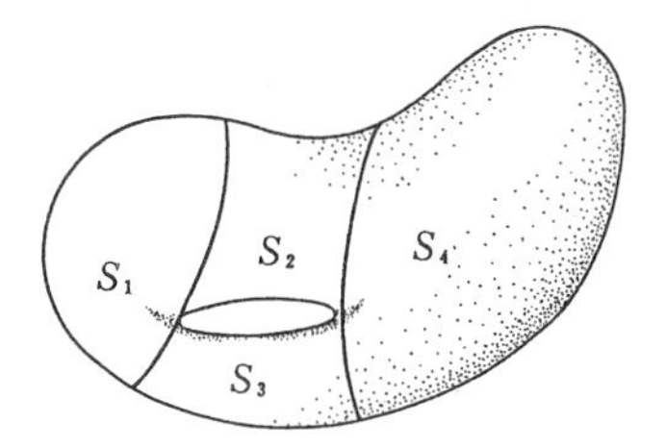

ある)．標準的なMöbiusの帯やトーラスはparameter表示できたが，これとても少し変形されると，parameter表示は困難になる．ましてや，一般の曲面を1組のparameterで表示すること不可能である．そこで，下図のように，いくつかのparameter表示をもつ曲面 S_i を結合したものとみなすのであるが，さらに，その小曲面 S_i の各点で接平面がひけるという条件を要求したいので，これについては後（2.10.4）で再び述べることにする．なお，上記の4つの曲面のうち，Möbiusの帯は境界をもち，それは右図のような閉曲線である．一方，他の3つの曲面には境界はない．したがって，これらは閉曲面である．

2.8　曲面の接平面

2.8.1 定義　S : $\boldsymbol{x}(u,v)=(x(u,v),y(u,v),z(u,v))$ を曲面とする．

$$\frac{\partial \boldsymbol{x}}{\partial u}=\left(\frac{\partial x}{\partial u},\frac{\partial y}{\partial u},\frac{\partial z}{\partial u}\right),\quad \frac{\partial \boldsymbol{x}}{\partial v}=\left(\frac{\partial x}{\partial v},\frac{\partial y}{\partial v},\frac{\partial z}{\partial v}\right)$$

とし，$(u,v)=(u_0,v_0)$ のとき

$$\frac{\partial \boldsymbol{x}}{\partial u}(u_0,v_0)\times\frac{\partial \boldsymbol{x}}{\partial v}(u_0,v_0)\neq\boldsymbol{0}$$

ならば，これを曲面 S の点 $\boldsymbol{x}(u_0,v_0)$ における**法線ベクトル**という．このとき，ベクトル $\frac{\partial \boldsymbol{x}}{\partial u}(u_0,v_0)$, $\frac{\partial \boldsymbol{x}}{\partial v}(u_0,v_0)$ は1次独立である（1.3.4(1)）から，$\frac{\partial \boldsymbol{x}}{\partial u}(u_0,v_0)$, $\frac{\partial \boldsymbol{x}}{\partial v}(u_0,v_0)$ は原点 $\boldsymbol{0}$ を通る1つの平面を張ることに注意しよう．ベクトル $\frac{\partial \boldsymbol{x}}{\partial u}(u_0,v_0)$, $\frac{\partial \boldsymbol{x}}{\partial v}(u_0,v_0)$ の始点は原点 $\boldsymbol{0}$ であるが，平行移動してその始点が点 $\boldsymbol{x}(u_0,v_0)$ にあるようにしておく方が考え易いことがある．そこで，以下，これらを図示するときには，そのようにしておくことにする．さて，点 $\boldsymbol{x}(u_0,v_0)$ を通り傾きが $\frac{\partial \boldsymbol{x}}{\partial u}(u_0,v_0)\times\frac{\partial \boldsymbol{x}}{\partial v}(u_0,v_0)$ である平面

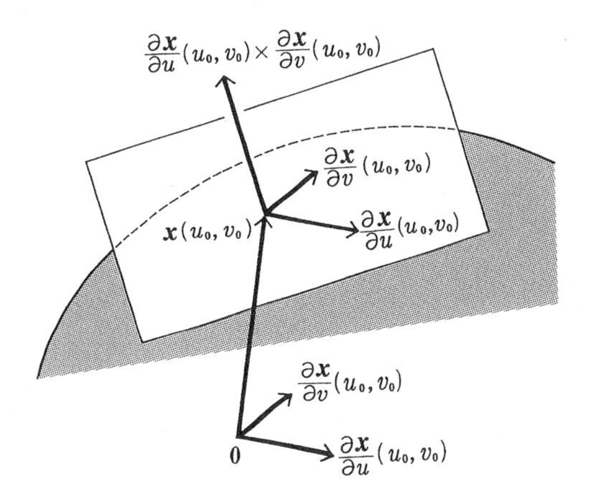

$$\left(\frac{\partial \boldsymbol{x}}{\partial u}(u_0, v_0)\times\frac{\partial \boldsymbol{x}}{\partial v}(u_0, v_0)\right)(\boldsymbol{x}-\boldsymbol{x}(u_0, v_0))=0$$

を，曲面 S の点 $\boldsymbol{x}(u_0, v_0)$ における**接平面**という．以下の話では，曲面 $\boldsymbol{x}(u, v)$ の各点で接平面が引けるものとしたいため，常に $\frac{\partial \boldsymbol{x}}{\partial u}\times\frac{\partial \boldsymbol{x}}{\partial v}\neq\boldsymbol{0}$ であると仮定しておく．(ただし，曲面の結合部分の点では，接平面をもつとは限らない)．

2.8.2 曲面が $\boldsymbol{x}(x, y)=(x, y, f(x, y))$ で与えられているとき，

$$\frac{\partial \boldsymbol{x}}{\partial x}=\left(1, 0, \frac{\partial f}{\partial x}\right),\ \frac{\partial \boldsymbol{x}}{\partial y}=\left(0, 1, \frac{\partial f}{\partial y}\right)$$

より

$$\frac{\partial \boldsymbol{x}}{\partial x}\times\frac{\partial \boldsymbol{x}}{\partial y}=\left(-\frac{\partial f}{\partial x}, -\frac{\partial f}{\partial y}, 1\right)$$

となる．よって，この曲面の点 $(x_0, y_0, f(x_0, y_0))$ における接平面の方程式は

$$-\frac{\partial f}{\partial x}(x_0, y_0)(x-x_0)-\frac{\partial f}{\partial y}(x_0, y_0)(y-y_0)+(z-f(x_0, y_0))=0$$

で与えられる．

2.8.3 命題 S を曲面とし，$\boldsymbol{x}_0$ を S 上の点とする．点 $\boldsymbol{x}_0$ を通る曲面 S

上の任意の曲線の $\boldsymbol{x}_0$ における接線ベクトルは（始点を $\boldsymbol{x}_0$ にとるならば），$\boldsymbol{x}_0$ における接平面上にある．

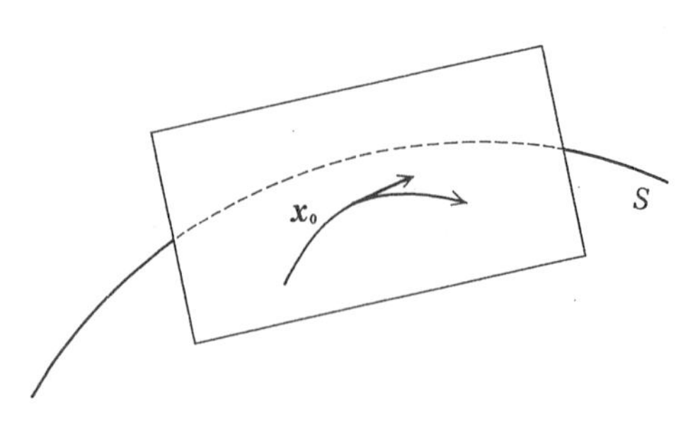

証明　曲面 S を $\boldsymbol{x}(u,v)=(x(u,v),y(u,v),z(u,v))$ とし，$\boldsymbol{x}(u(t),v(t))$ を点 $\boldsymbol{x}_0$ を通る S 上の曲線とする．このとき

$$\frac{d\boldsymbol{x}}{dt}(u(t),v(t))\quad（以下，t\ および\ x,y,z\ のなかの\ u,v\ を省略する）$$

$$=\left(\frac{\partial x}{\partial u}\frac{du}{dt}+\frac{\partial x}{\partial v}\frac{dv}{dt},\frac{\partial y}{\partial u}\frac{du}{dt}+\frac{\partial y}{\partial v}\frac{dv}{dt},\frac{\partial z}{\partial u}\frac{du}{dt}+\frac{\partial z}{\partial v}\frac{dv}{dt}\right)$$

$$=\frac{\partial \boldsymbol{x}}{\partial u}\frac{du}{dt}+\frac{\partial \boldsymbol{x}}{\partial v}\frac{dv}{dt}$$

となり，$\dfrac{d\boldsymbol{x}}{dt}$ は $\dfrac{\partial \boldsymbol{x}}{\partial u},\dfrac{\partial \boldsymbol{x}}{\partial v}$ の1次結合で表される．よって，$\dfrac{d\boldsymbol{x}}{dt}$ は $\dfrac{\partial \boldsymbol{x}}{\partial u}\times\dfrac{\partial \boldsymbol{x}}{\partial v}$ と直交している（定理1.3.7）．このことから，命題が成り立つことが分かる．

2.9　曲面の面積

2.9.1 定義　平面 $\boldsymbol{R}^2$ の有界な閉領域 D で定義された曲面

$$S:\boldsymbol{x}(u,v)$$

に対し，

$$S=\iint_D\left|\frac{\partial \boldsymbol{x}}{\partial u}\times\frac{\partial \boldsymbol{x}}{\partial v}\right|dudv \qquad \text{(i)}$$

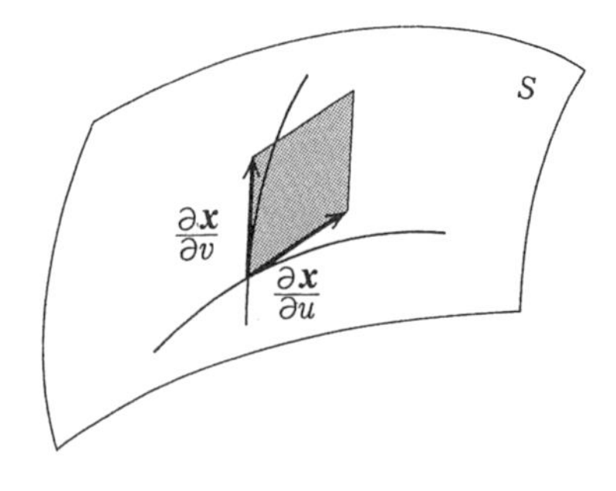

を曲面 S の**面積**（俗に**表面積**ともいう）という．面積も曲面 S と同じ記号 S で表すことにする．（曲面の面積 S は，直観的には，$\dfrac{\partial \boldsymbol{x}}{\partial u},\dfrac{\partial \boldsymbol{x}}{\partial v}$ を2辺とする微小な平行4辺形の面積 $\left|\dfrac{\partial \boldsymbol{x}}{\partial u}\right.$

$\times\dfrac{\partial \boldsymbol{x}}{\partial v}\Big|$(定理1.3.8)の総和である). 以下, 曲面 S : $\boldsymbol{x}(u, v)$ に対し, 記号

$$E=\left|\frac{\partial \boldsymbol{x}}{\partial u}\right|^2,\quad F=\frac{\partial \boldsymbol{x}}{\partial u}\frac{\partial \boldsymbol{x}}{\partial v},\quad G=\left|\frac{\partial \boldsymbol{x}}{\partial v}\right|^2$$

を用いる. すると

$$\left|\frac{\partial \boldsymbol{x}}{\partial u}\times\frac{\partial \boldsymbol{x}}{\partial v}\right|=\sqrt{EG-F^2}$$

となる(命題1.3.2(5))ので, 曲面Sの面積Sの定義を

$$S=\iint_D\sqrt{EG-F^2}\,dudv \tag{ii}$$

としてもよい. (微分幾何学では $g_{11}=E, g_{12}=g_{21}=F, g_{22}=G$ の記号を用いている. このとき, $EG-F^2$ は行列式 $\begin{vmatrix} g_{11} & g_{12} \\ g_{21} & g_{22}\end{vmatrix}$ のことである). (i), (ii) の事実を, 形式的に

$$dS=\left|\frac{\partial \boldsymbol{x}}{\partial u}\times\frac{\partial \boldsymbol{x}}{\partial v}\right|dudv=\sqrt{EG-F^2}\,dudv$$

で表わし, dS をこの曲面 $\boldsymbol{x}(u, v)$ の**面積素**という.

2.9.2 曲面が, $\boldsymbol{R}^2$ の有界な閉領域D上で

$$\boldsymbol{x}(x, y)=(x, y, f(x, y))$$

で与えられているとき, $\dfrac{\partial \boldsymbol{x}}{\partial x}\times\dfrac{\partial \boldsymbol{x}}{\partial y}=\left(-\dfrac{\partial f}{\partial x}, -\dfrac{\partial f}{\partial y}, 1\right)$ であった (2.8.2) から, 曲面の面積Sは

$$S=\iint_D\sqrt{\left(\frac{\partial f}{\partial x}\right)^2+\left(\frac{\partial f}{\partial y}\right)^2+1}\,dxdy$$

を与えられる.

2.9.3例 球面 S : $\boldsymbol{x}=(a\sin u\cos v, a\sin u\sin v, a\cos u), (u, v)\in D, D=\{(u, v)\in\boldsymbol{R}^2 \mid 0\leqq u\leqq\pi, 0\leqq v\leqq 2\pi\}$ の面積は $4\pi a^2$ である. 実際,

$$\frac{\partial \boldsymbol{x}}{\partial u}=(a\cos u\cos v, a\cos u\sin v, -a\sin u),$$

$$\frac{\partial \boldsymbol{x}}{\partial v}=(-a\sin u\sin v, a\sin u\cos v, 0)$$

より

$$E=\left|\frac{\partial \boldsymbol{x}}{\partial u}\right|^2=a^2,\quad F=\frac{\partial \boldsymbol{x}}{\partial u}\frac{\partial \boldsymbol{x}}{\partial v}=0,\quad G=\left|\frac{\partial \boldsymbol{x}}{\partial v}\right|^2=a^2\sin^2 u$$

となる．よって，面積Sは

$$S=\iint_D \sqrt{EG-F^2}\,dudv=\int_0^{2\pi}\left(\int_0^{\pi} a^2\sin u du\right)dv$$
$$=2\pi a^2[-\cos u]_0^{\pi}=2\pi a^2(-\cos\pi+\cos 0)=4\pi a^2$$

である．球面Sには

$$\boldsymbol{x}=(x,\, y,\, \pm\sqrt{a^2-x^2-y^2}),\quad (x,\, y)\in D$$

$D=\{(x,\, y)\in \boldsymbol{R}^2 \mid 0\leqq x^2+y^2\leqq a^2\}$ の表示もあった(例2.7.4)．念のため，この表示を用いて，球面Sの面積を求めてみよう．そのためには，上半球面 S_1：$\boldsymbol{x}=(x,\, y,\, \sqrt{a^2-x^2-y^2})$ の面積を求めて2倍すればよいので，$f=\sqrt{a^2-x^2-y^2}$ として，2.9.2の公式を用いると，

$$S=2\iint_D \sqrt{\left(\frac{\partial f}{\partial x}\right)^2+\left(\frac{\partial f}{\partial y}\right)^2+1}\,dxdy$$
$$=2\iint_D \sqrt{\left(\frac{-x}{\sqrt{a^2-x^2-y^2}}\right)^2+\left(\frac{-y}{\sqrt{a^2-x^2-y^2}}\right)^2+1}\,dxdy$$
$$=2\iint_D \frac{a}{\sqrt{a^2-x^2-y^2}}dxdy$$

(極座標 $x=r\cos\theta,\, y=r\sin\theta,\, 0\leqq r\leqq a,\, 0\leqq\theta\leqq 2\pi$ を用いると，$dxdy=rdrd\theta$ となる(4.4.9(2)参照)ので)

$$=2a\int_0^{2\pi}\int_0^a \frac{r}{\sqrt{a^2-r^2}}drd\theta=4\pi a\int_0^a \frac{r}{\sqrt{a^2-r^2}}dr$$

($\sqrt{a^2-r^2}=t$ とおくと，$a^2-r^2=t^2$ より，$-rdr=tdt$ となるので)

$$=4\pi a\int_a^0 \frac{1}{t}(-tdt)=4\pi a\int_0^a dt=4\pi a[t]_0^a=4\pi a^2$$

となる．

2.10　曲面の向き付け

2.10.1　球面に2つのparameter表示があった（例2.7.4）ように，曲面のparameter表示は数多くあり得る．もちろん，parameter表示が

異なると異なる曲面であるとみる場合もあるが，parameter 表示が異なっても，その像が同じである場合，同じ曲面とみなすことが多い．さらに，曲面に向きを付けて考える必要も起る．曲面 $\boldsymbol{x}(u, v)$ の**向き**とは，変数 u, v の順序を定めることである．変数の順序を (u, v) に定めたときと，(v, u) に定めたときとは，曲面の**向きは逆**であるという．曲面 $\boldsymbol{x}(u,$

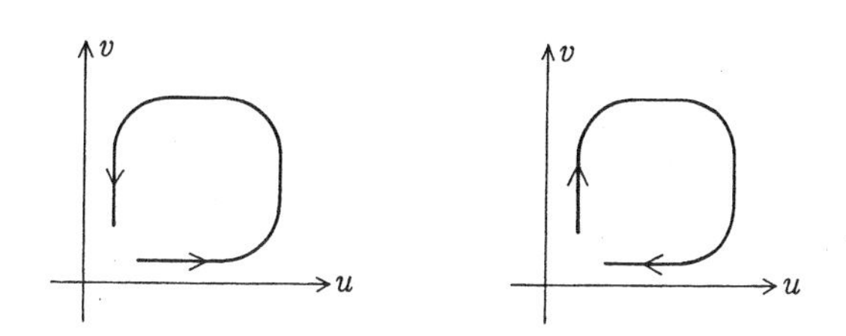

$v)$ の向き付けは相対的なものであるが，もし前者を**正の向き**であるとすると，後者は**負の向き**をもつという．曲面 S : $\boldsymbol{x}(u, v)$ の向きを次のように定義してもよい．曲面 S の向きとは，曲面の各点の法線ベクトルの向きを定めることである．法線ベクトルを $\dfrac{\partial \boldsymbol{x}}{\partial u} \times \dfrac{\partial \boldsymbol{x}}{\partial v}$ にとるとき**正の向き**であるとすると，$\dfrac{\partial \boldsymbol{x}}{\partial v} \times \dfrac{\partial \boldsymbol{x}}{\partial u} = -\dfrac{\partial \boldsymbol{x}}{\partial u} \times \dfrac{\partial \boldsymbol{x}}{\partial v}$ をとるとき**負の向き**であるという．前者のときの曲面を S としたとき，後者の曲面を $-S$ で表わす．さらに，次の定義を与える．

2.10.2 定義　S : $\boldsymbol{x}(u, v), (u, v) \in D$ を曲面とする．

(1)　可微分関数 $\begin{cases} u = u(\sigma, \tau) \\ v = v(\sigma, \tau) \end{cases}$, $(\sigma, \tau) \in E$, $\begin{vmatrix} \dfrac{\partial u}{\partial \sigma} & \dfrac{\partial u}{\partial \tau} \\ \dfrac{\partial v}{\partial \sigma} & \dfrac{\partial v}{\partial \tau} \end{vmatrix} > 0$

を用いて，parameter を (σ, τ) に変えた曲面

$$\boldsymbol{x}_1(\sigma, \tau) = \boldsymbol{x}(u(\sigma, \tau), v(\sigma, \tau)),\ (\sigma, \tau) \in E$$

は，$\boldsymbol{x}(u, v)$ と同じ曲面とみなす．

(2)　可微分関数 $\begin{cases} u=u(\sigma,\tau) \\ v=v(\sigma,\tau) \end{cases}$, $(\sigma,\tau)\in E$, $\begin{vmatrix} \dfrac{\partial u}{\partial \sigma} & \dfrac{\partial u}{\partial \tau} \\ \dfrac{\partial v}{\partial \sigma} & \dfrac{\partial v}{\partial \tau} \end{vmatrix}<0$

を用いて，parameter を (σ,τ) に変えた曲面

$$\boldsymbol{x}_2(\sigma,\tau)=\boldsymbol{x}(u(\sigma,\tau),v(\sigma,\tau)),\ (\sigma,\tau)\in E$$

は，$\boldsymbol{x}(u,v)$ の**向きを逆にした曲面**という．この曲面を，(1)の曲面 S に対し，$-S$ で表す．

2.10.3 定義　S をいくつかの parameter 表示をもつ曲面 S_i を結合してできた曲面とする．

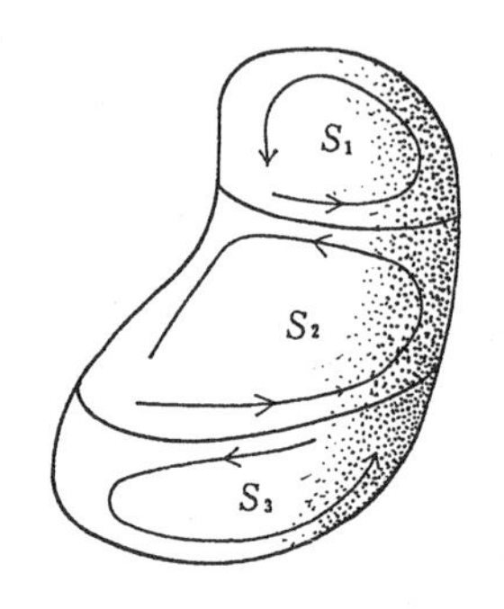

(1)　各曲面 S_i に適当な向きを与え，結合した部分で逆向きになっているようにできるとき(右図参照)，S は**向き付け可能な曲面**であるという．

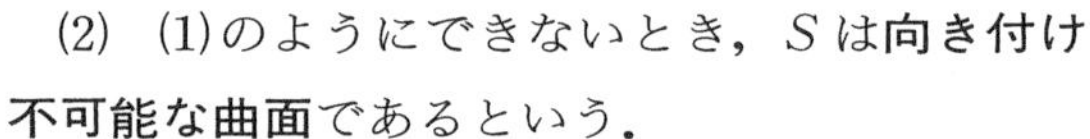

(2)　(1)のようにできないとき，S は**向き付け不可能な曲面**であるという．

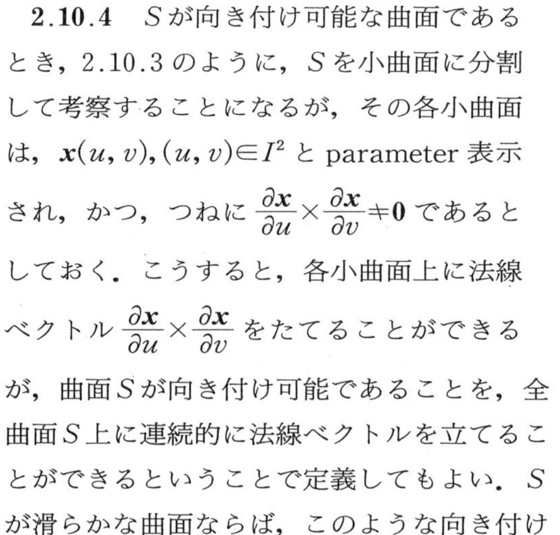

2.10.4　S が向き付け可能な曲面であるとき，2.10.3 のように，S を小曲面に分割して考察することになるが，その各小曲面は，$\boldsymbol{x}(u,v),(u,v)\in I^2$ と parameter 表示され，かつ，つねに $\dfrac{\partial \boldsymbol{x}}{\partial u}\times\dfrac{\partial \boldsymbol{x}}{\partial v}\neq\boldsymbol{0}$ であるとしておく．こうすると，各小曲面上に法線ベクトル $\dfrac{\partial \boldsymbol{x}}{\partial u}\times\dfrac{\partial \boldsymbol{x}}{\partial v}$ をたてることができるが，曲面 S が向き付け可能であることを，全曲面 S 上に連続的に法線ベクトルを立てることができるということで定義してもよい．S が滑らかな曲面ならば，このような向き付け

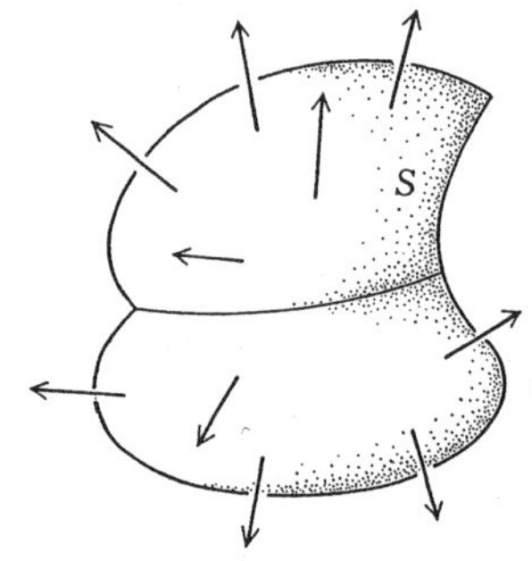

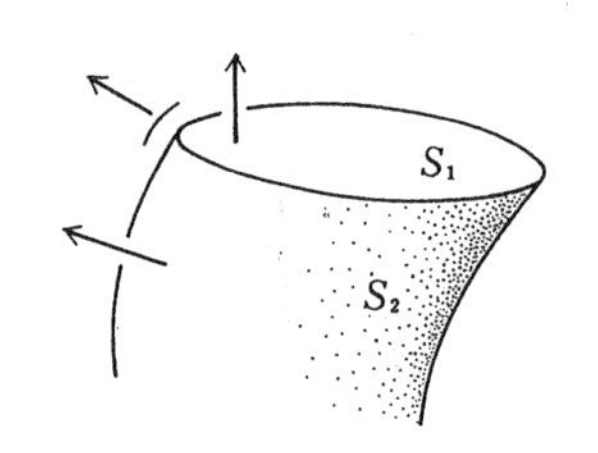

可能の定義ができるのであるが，曲面の結合部分で法線ベクトルを引くことができないことがあるので，そのときには，結合部分を近似的に滑らかにして，法線ベクトルを連続的に立てることにしよう．

2.10.5 例 Möbius の帯Mは向き付け不可能な曲面である．それは，下図のように，Mを小曲面に分け，ある小曲面に向きを付け，これから出発して一周すると向きが逆になってしまうからである．同じことであるが，M上の1点に法線ベクトルを立て，連続的に動かして1周すると向

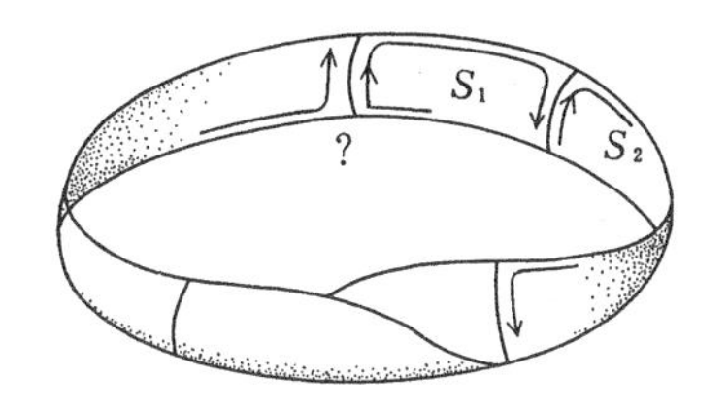

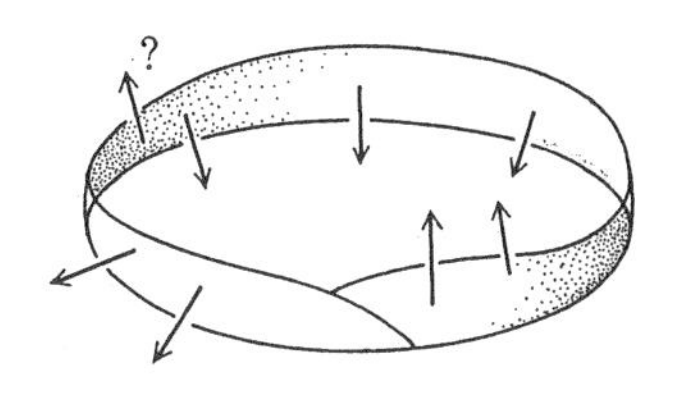

きが逆になってしまうからである．Möbius の帯も曲面である以上，その面積などは定義されるが，4章で述べるようなベクトル場 $\boldsymbol{p}$ の面積分を行うとき，曲面の向き付けが必要となるので，Möbius の帯のような向き付け不可能な曲面は，以後，取り扱わないことにする．幸い，空間 $\boldsymbol{R}^3$ の曲面で向き付け不可能なものはそれ程多くない．実際，$\boldsymbol{R}^3$ の中にある閉曲面は向き付け可能であり，しかも，それらは，位相的には，球面，トーラス（指数 g のトーラスを含む）に限られることが知られている．閉曲面Sの向きを指定するために，曲面Sの各点に法線ベクトルを立てるのであるが，それは，以後ことわりのない限り，その方向が曲面の外側に向いているように立てるものとしておく．

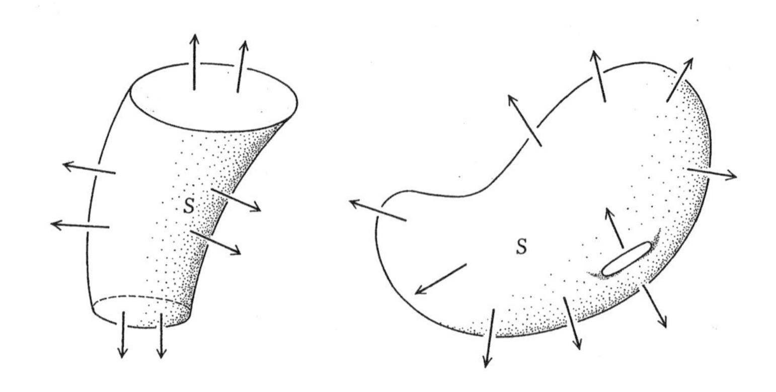

2.11　曲面についてその他

曲面の形状を調べるために，いろいろな方法が考えられており，興味ある多くの結果が得られている．例えば，曲面にも曲率が定義され，曲率と曲面の位相の関係を示す Gauss-Bonnet の定理があり，また，曲面の微小変動で極小面積をとる極小曲面の理論などがある．しかし，これらは，以下の話に直接関係がないとし，また専門的なので，すべて省略することにした．興味ある人は，微分幾何学のその方面の書を見て下さい．

2.12　立体

2.12.1　空間 $\boldsymbol{R}^3$ の有界な閉領域 V を考えよう．一般には，V の境界 ∂D は複雑な形をしているかもしれないが，4章で取り扱うのは，その境界 ∂V が閉曲面であるときのみである．したがって，V は球面またはトーラス(指数 g のトーラスも含む)の内部(ただし ∂V も含む)である．

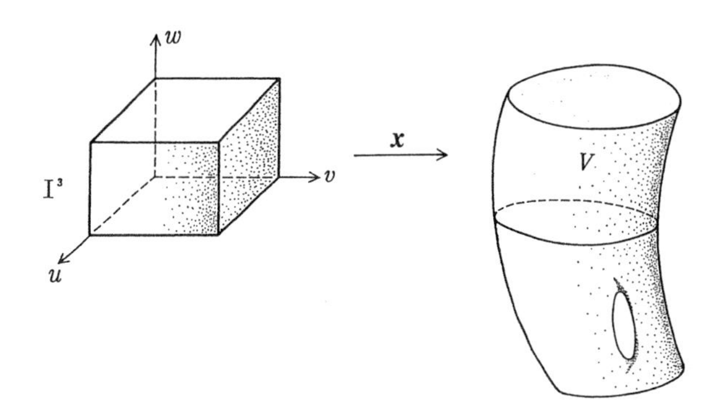

この閉領域Vを考察するのに，曲面のときと同様，Vを小閉領域 V_i に分割して調べる手法が用いられる．さらに，そのときには，その各閉領域 V_i は，

$$\boldsymbol{x}(u, v, w), \quad (u, v, w)\in I^3, \quad \left(\frac{\partial \boldsymbol{x}}{\partial u}, \frac{\partial \boldsymbol{x}}{\partial v}, \frac{\partial \boldsymbol{x}}{\partial w}\right)>0$$

であるように parameter 表示されているものとする．（これは可能であるが，証明はそれ程容易でないかもしれない）．

ここで，$\boldsymbol{R}^3$ の領域Vの向きについて説明しておこう．Vは空間 $\boldsymbol{R}^3$ の部分集合であるから，Vの各点は座標(x, y, z)をもっている．さて，Vの**向き**とは，$\boldsymbol{R}^3$ の変数 x, y, z の順序を決めることである．その順序を

$$(x, y, z),\ (y, z, x),\ (z, x, y)$$

にとったとき，これらは**同じ向き**であるとし，

$$(x, z, y),\ (y, x, z),\ (z, y, x)$$

にとったときの向きは，前者（これをVと書く）とは**逆の向き**であるといい，$-V$で表すことにする．

立方体 I^3 にも，座標(u, v, w)に順序をつけることにより，向きをつけることができる．いま，I^3 に(u, v, w)の向きを与えよう．このとき，I^3 の境界 ∂I^3 である6つの面の向き付けを法線ベクトルで

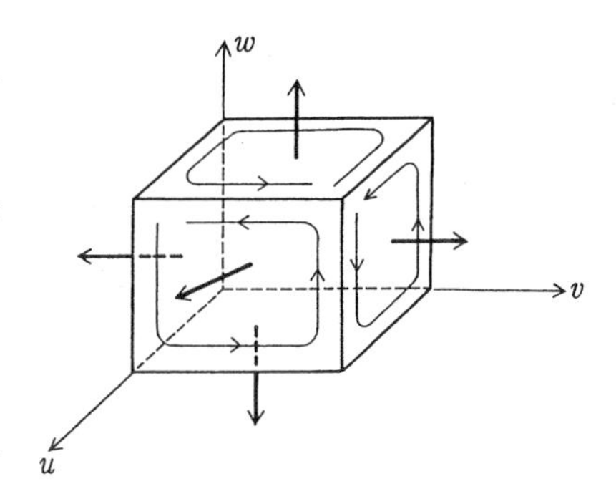

与えると，それらの法線ベクトルはすべて面に対して外側を向いている．なお，上記の小閉領域 V_i の parameter 表示 $\boldsymbol{x}: I^3 \to V_i$ において，$\left(\dfrac{\partial \boldsymbol{x}}{\partial u}, \dfrac{\partial \boldsymbol{x}}{\partial v}, \dfrac{\partial \boldsymbol{x}}{\partial w}\right)>0$ の条件は，写像 $\boldsymbol{x}$ が，I^3 と V_i の両者の向きを保っている，ということを意味している．

練習問題

2.1　ベクトル $\boldsymbol{a}(t), \boldsymbol{b}(t), \boldsymbol{c}(t)$ の3重積の微分に関し，

$$\frac{d}{dt}(\boldsymbol{a}(t), \boldsymbol{b}(t), \boldsymbol{c}(t))$$
$$=\left(\frac{d\boldsymbol{a}}{dt}(t), \boldsymbol{b}(t), \boldsymbol{c}(t)\right)+\left(\boldsymbol{a}(t), \frac{d\boldsymbol{b}}{dt}(t), \boldsymbol{c}(t)\right)+\left(\boldsymbol{a}(t), \boldsymbol{b}(t), \frac{d\boldsymbol{c}}{dt}(t)\right)$$

が成り立つことを示せ．

2.2 (1)　曲線 $\boldsymbol{x}(t)=(t,\ t^2,\ t^3)$ の $t=1$ に対応する点における接線の方程式を求めよ．

(2)　曲線 $\boldsymbol{x}(t)=(e^t,\ e^{-t},\ t)$ の $t=0$ に対応する点における接線の方程式を求めよ．

2.3　曲線 $\boldsymbol{x}(t)$ 上にない点Pから最短距離を与える曲線上の点をQとするとき，Qにおける曲線の接線は直線PQに直交することを示せ．

2.4 (1)　外力の作用を受けない質点は直線上を等速で運動することを示せ．

(2)　点 $\boldsymbol{0}$ から水平面と θ の角度で初速度 $\boldsymbol{v}_0$ で投げられた質点の軌道 $\boldsymbol{x}(t)$ を求めよ．ただし，重力の大きさを g とする．

2.5　Frenet-Serret の公式は，$\boldsymbol{\omega}=\tau\boldsymbol{t}+\kappa\boldsymbol{b}$ とおくとき，

$$\frac{d\boldsymbol{t}}{ds}=\boldsymbol{\omega}\times\boldsymbol{t},\quad \frac{d\boldsymbol{n}}{ds}=\boldsymbol{\omega}\times\boldsymbol{n},\quad \frac{d\boldsymbol{b}}{ds}=\boldsymbol{\omega}\times\boldsymbol{b}$$

と表されることを示せ．

2.6 (1)　曲線 $\boldsymbol{x}(t)$ の曲率 $\kappa(t)$ と捩率 $\tau(t)$ はそれぞれ

$$\kappa=\frac{|\boldsymbol{x}'\times\boldsymbol{x}''|}{|\boldsymbol{x}'|^3},\quad \tau=\frac{(\boldsymbol{x}',\boldsymbol{x}'',\boldsymbol{x}''')}{|\boldsymbol{x}'\times\boldsymbol{x}''|^2}$$

で表されることを示せ．ここに，$'$ は t に関する微分である．

(2)　曲線 $y=f(x)$ の曲率 $\kappa(x)$ は

$$\kappa=\frac{|f''|}{(1+f'^2)^{3/2}}$$

で与えられることを示せ．

2.7　曲線 $\boldsymbol{x}(t)$ が平面曲線であれば，その捩率は 0 であることを示せ．

2.8 (1)　質点が $\boldsymbol{x}(t)=(a\cos t,\ a\sin t,\ bt)$ $(a>0)$ の運動をするとき，質点の速度，速さ，加速度および加速度の大きさを求めよ．

(2)　質点が $\boldsymbol{x}(t)=(\sin t-t\cos t,\ \cos t+t\sin t,\ t^2)$, $0<t$ の運動をするとき，質点の速度，速さ，加速度および加速度の大きさを求めよ．また，この質点の軌道の曲率を求めよ．

2.9 (1)　曲面 $z=x^2+y^2$ 上の点 $(1,1,2)$ における接平面の方程式を求めよ．

(2)　だ円面 $\dfrac{x^2}{a^2}+\dfrac{y^2}{b^2}+\dfrac{z^2}{c^2}=1$ 上の点 $\boldsymbol{p}(p,q,r)$ における接平面の方程式を求めよ．

2.10 (1)　曲面 $z=x^2+y^2$, $x^2+y^2\leqq 1$ の表面積 S を求めよ．

(2)　円錐面 $\boldsymbol{x}(u,u)=(u\cos v,\ u\sin v,\ u)$, $0\leqq u\leqq 1$, $0\leqq v\leqq 2\pi$ の表面積 S を求めよ．

(3)　トーラス $\boldsymbol{x}(u,v)=((a+b\cos u)\cos v,\ (a+b\cos u)\sin v,\ b\sin u)$, $0\leqq u\leqq 2\pi$, $0\leqq v\leqq 2\pi$ $(a>b>0)$ の表面積 S を求めよ．

第3章

ベクトル場の微分

3.1　ベクトル場

3.1.1 定義　空間 $\boldsymbol{R}^3$ の開領域 U で定義された可微分ベクトル

$\boldsymbol{a}=\boldsymbol{a}(x, y, z)$

$\quad=(a_1(x, y, z), a_2(x, y, z), a_3(x, y, z))$

を**ベクトル場**という．各ベクトル $\boldsymbol{a}(x, y, z)$ の始点は原点 $\mathbf{0}$ であるが，平行移動して，その始点が点 (x, y, z) にあるようにしておく方が考え易いことがある．そこで，以下，これを図示するときには，そのようにすることにする．

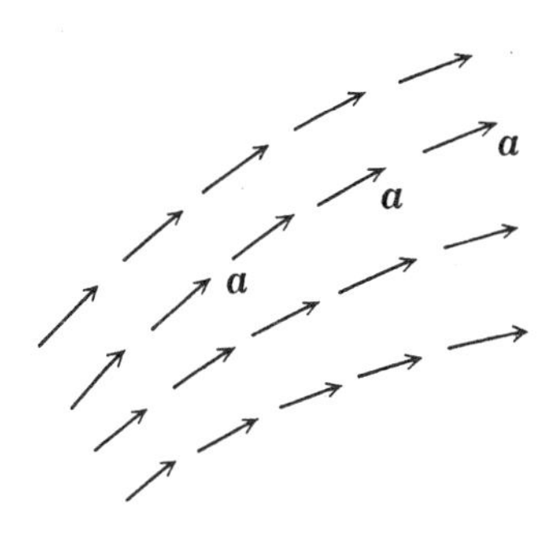

3.1.2 注意　ベクトル場 $\boldsymbol{a}=(a_1, a_2, a_3)$ は，ベクトル解析では

$$\boldsymbol{a}=a_1\boldsymbol{i}+a_2\boldsymbol{j}+a_3\boldsymbol{k}$$

で表すことが多い (1.1.4)．また，多様体上でのベクトル場 $\boldsymbol{a}=(a_1, a_2, a_3)$ は

$$\boldsymbol{a}=a_1\frac{\partial}{\partial x}+a_2\frac{\partial}{\partial y}+a_3\frac{\partial}{\partial z}$$

と書いて，ある種の微分作用素とみるのであるが，これからは，これとは相対的な関係にあると思われる微分形式

$$\boldsymbol{a}=a_1dx+a_2dy+a_3dz$$

とみなすことになるだろう．これについては，後 (3.6) で詳しく述べることにする．

3.2　ベクトル場の流線

3.2.1 定義　$\boldsymbol{a}=(a_1, a_2, a_3)$を$\boldsymbol{R}^3$の開領域$U$で定義されたベクトル場とする．$U$内の曲線$\boldsymbol{x}(t)=(x(t), y(t), z(t)), a<t<b$が

$$\frac{d\boldsymbol{x}}{dt}(t)=\boldsymbol{a}(\boldsymbol{x}(t)), \qquad a<t<b$$

を満たすとき，すなわち，$\boldsymbol{x}(t)$が微分方程式

$$\frac{dx}{dt}(t)=a_1(\boldsymbol{x}(t)), \quad \frac{dy}{dt}(t)=a_2(\boldsymbol{x}(t)), \quad \frac{dz}{dt}(t)=a_3(\boldsymbol{x}(t))$$

の解であるとき，曲線$\boldsymbol{x}(t)$をベクトル場aの**積分曲線**（または**流線**）という．

Uの点$\boldsymbol{x}_0$を与えると，ベクトル$\boldsymbol{a}$の点$\boldsymbol{x}_0$を通る積分曲線が(点$\boldsymbol{x}_0$の近くで）唯1つ存在する．それは，微分方程式の解の存在と，解の一意性の定理から分かる．

ベクトル場$\boldsymbol{a}$の流線は，その曲線の形状のみを問題にする場合（ただし，曲線の向きはもとのままにしておく），$\boldsymbol{a}$をスカラー倍したベクトル場$\lambda\boldsymbol{a}$ $(\lambda>0)$の積分曲線，すなわち，微分方程式

$$\frac{d\boldsymbol{x}}{dt}(t)=\lambda(t)\boldsymbol{a}(\boldsymbol{x}(t))$$

の解曲線も，$\boldsymbol{a}$の**流線**ということがある．

3.2.2 例　$\boldsymbol{R}^3$で定義されたベクトル場

$$\boldsymbol{a}=(x, y, z)$$

に対して，

$$\boldsymbol{x}(t)=(c_1e^t, c_2e^t, c_3e^t), \quad -\infty<t<\infty$$

(c_iは定数）は，$\boldsymbol{a}$の積分曲線であり，それらは原点$\boldsymbol{0}$を出発点とする半直線である．この積分曲線は，微分方程式

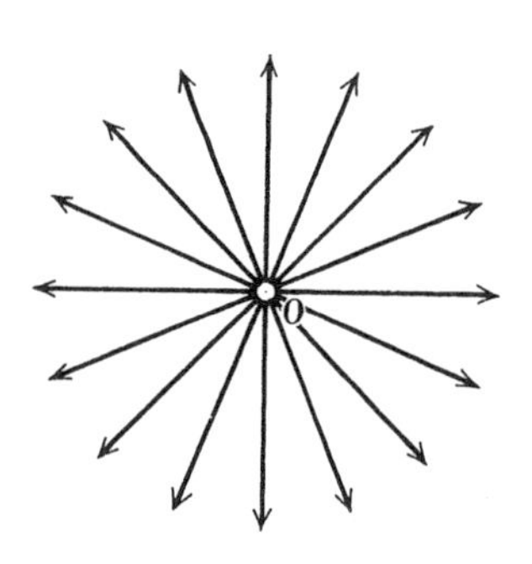

$$\frac{dx}{dt}=x, \quad \frac{dy}{dt}=y, \quad \frac{dz}{dt}=z$$

を解くことによって得られる．

3.2.3 例　$\boldsymbol{R}^3$ で定義されたベクトル場

$$\boldsymbol{a}=(-y, x, 0)$$

に対して，

$$\boldsymbol{x}(t)=(a\cos t, a\sin t, b) \qquad \text{(i)}$$

は，点 $(a, 0, b)$ を通る $\boldsymbol{a}$ の積分曲線である．この積分曲線は，微分方程式

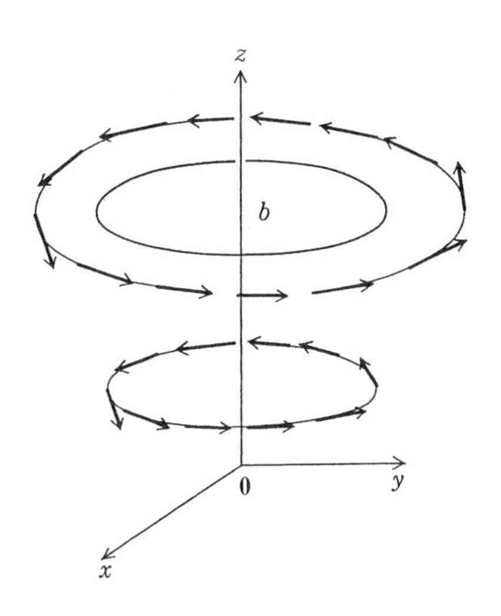

$$\frac{dx}{dt}=-y, \quad \frac{dy}{dt}=x, \quad \frac{dz}{dt}=0$$

を初期条件 $x(0)=a, y(0)=0, z(0)=b$ のもとで解けばよい．この微分方程式は，定数係数の線型常微分方程式であるので，解くのは容易である．ここに，その解法の1つを書いておく．

$$\begin{pmatrix} x \\ y \\ z \end{pmatrix}=\exp\begin{pmatrix} 0 & -t & 0 \\ t & 0 & 0 \\ 0 & 0 & 0 \end{pmatrix}\begin{pmatrix} a \\ 0 \\ b \end{pmatrix}=\begin{pmatrix} \cos t & -\sin t & 0 \\ \sin t & \cos t & 0 \\ 0 & 0 & 1 \end{pmatrix}\begin{pmatrix} a \\ 0 \\ b \end{pmatrix}=\begin{pmatrix} a\cos t \\ a\sin t \\ b \end{pmatrix}$$

である．もちろん，微分方程式の解の一意性を用いて，天下り的に，(i) がこの微分方程式の解であるとしてもよい．

z 軸に強さ I の電流を流したときに生ずる磁場ベクトル場

$$\boldsymbol{h}=\frac{2I}{\rho^2}(-y, x, 0)$$

(1.3.10) の流線も，スカラー関数 $\dfrac{2I}{\rho^2}>0$ は無視することにするから，ベクトル場 $\boldsymbol{a}=(-y, x, 0)$ の流線と同じで，それは(i)になる．

3.3　関数の勾配

3.3.1 定義　$\boldsymbol{R}^3$ の開領域 U で定義された可微分関数 $f=f(x, y, z)$ に

対し，同じ領域Uで定義されたベクトル場 $\mathrm{grad}\, f$ を

$$\mathrm{grad}\, f=\left(\frac{\partial f}{\partial x}, \frac{\partial f}{\partial y}, \frac{\partial f}{\partial z}\right)$$

で定義し，これをf の**勾配**という．ベクトル解析では，記号 $\nabla=\left(\frac{\partial}{\partial x}, \frac{\partial}{\partial y}, \frac{\partial}{\partial z}\right)$ を用いて

$$\nabla f=\mathrm{grad}\, f$$

で表すことが多い．

3.3.2 例　$\boldsymbol{R}^3$ の原点 $\mathbf{0}$ に質量Mの質点をおいたときに，$\boldsymbol{R}^3$ の開領域 $\boldsymbol{R}^3-\{\mathbf{0}\}$ に生ずる引力場

$$\boldsymbol{F}=-kM\frac{\boldsymbol{x}}{r^3}, \qquad \boldsymbol{x}=(x, y, z), \quad r=\sqrt{x^2+y^2+z^2}$$

(2.6.2) は，関数

$$u=kM\frac{1}{r}$$

の勾配になっている：

$$\boldsymbol{F}=\mathrm{grad}\, u.$$

実際，$\frac{\partial}{\partial x}\frac{1}{r}=-\frac{x}{r^3}$，$\frac{\partial}{\partial y}\frac{1}{r}=-\frac{y}{r^3}$，$\frac{\partial}{\partial z}\frac{1}{r}=-\frac{z}{r^3}$ より，$\mathrm{grad}\, u=kM\,\mathrm{grad}\,\frac{1}{r}=-kM\frac{\boldsymbol{x}}{r^3}=\boldsymbol{F}$ である．また，$\boldsymbol{R}^3$ の原点 $\mathbf{0}$ に電気量Qの点電荷をおいたとき，領域 $\boldsymbol{R}^3-\{\mathbf{0}\}$ に

$$\boldsymbol{E}=kM\frac{\boldsymbol{x}}{r^3}$$

の電界場を生じ（**Coulomb の法則**），そして，引力場と同様なことが成り立つ．すなわち，

$$\boldsymbol{E}=\mathrm{grad}\, u, \quad u=-kM\frac{1}{r}$$

となる．

3.3.3 定義　物理学では，ベクトル場 $\boldsymbol{f}$ が，ある関数uを用いて

$$\boldsymbol{f}=-\mathrm{grad}\, u$$

と表せるとき，u を $\boldsymbol{f}$ の**ポテンシャル**，また，$\boldsymbol{f}$ は**保存力場**であるという．(マイナスの符号がついているのは，物理学の要請によるものであって，理論的な意味はない)．

3.3.4 命題 $\boldsymbol{f}$ を $\boldsymbol{R}^3$ の開領域 U で定義された保存力場とし，u をそのポテンシャルとする．質量 m の質点 $\boldsymbol{x}$ がこの保存力場 $\boldsymbol{f}$ の中を運動するとき，運動エネルギー $\frac{1}{2}mv^2$ と位置エネルギー u の和 $\frac{1}{2}mv^2+u$ (力学的エネルギー) は，時間 t に関係なく，一定である (**エネルギー保存法則**)．

証明 質量 m の質点 $\boldsymbol{x}$ の運動を $\boldsymbol{x}(t)$ とするとき，$\boldsymbol{v}(t)=\frac{d\boldsymbol{x}}{dt}(t)$，$v(t)=|\boldsymbol{v}(t)|$，$\boldsymbol{\alpha}(t)=\frac{d\boldsymbol{v}}{dt}(t)$，$\boldsymbol{f}(t)=m\boldsymbol{\alpha}(t)$ であった (2.6.1)．以下 t を省略して書く．

$$\begin{aligned}\frac{d}{dt}\left(\frac{1}{2}mv^2+u\right)&=\frac{d}{dt}\left(\frac{1}{2}m\boldsymbol{v}\boldsymbol{v}+u\right)\\&=m\boldsymbol{v}\boldsymbol{\alpha}+\frac{du}{dt}=m\boldsymbol{v}\frac{\boldsymbol{f}}{m}+(\mathrm{grad}\,u)\frac{d\boldsymbol{x}}{dt}\\&=\boldsymbol{v}(-\mathrm{grad}\,u)+(\mathrm{grad}\,u)\boldsymbol{v}=0\end{aligned}$$

となる．よって，$\frac{1}{2}mv^2+u$ は，t に関係なく，一定である．

3.3.5 例 (1) 例 3.3.2 の引力場 $\boldsymbol{F}=-kM\frac{\boldsymbol{x}}{r^3}$ の中を，質量 m の質点 $\boldsymbol{x}$ が運動するとき

$$\frac{1}{2}mv^2-kM\frac{1}{r}$$

は，時間 t に関係なく，一定である (命題 3.3.4)．

(2) z 軸方向の重力場

$$\boldsymbol{F}=-g\boldsymbol{n},\quad \boldsymbol{n}=(0,0,1)$$

は保存力場である．実際，$u=gz$ とおくと，$\boldsymbol{F}=-\mathrm{grad}\,u$ となるからである．したがって，この保存力場の中を，質量 m の質点 $\boldsymbol{x}$ が運動するとき

$$\frac{1}{2}mv^2+gz$$

は，時間 t に関係なく，一定である (命題 3.3.4).

(3)　原点 $\mathbf{0}$ に向う弾性力場

$$\boldsymbol{F}=-k\boldsymbol{x}, \quad \boldsymbol{x}=(x, y, z)$$

は保存力場である．実際，$u=\dfrac{k}{2}r^2=\dfrac{k}{2}(x^2+y^2+z^2)$ とおくと，$\boldsymbol{F}=-\operatorname{grad} u$ となるからである．したがって，この保存力場の中を，質量 m の質点 $\boldsymbol{x}$ が運動するとき

$$\frac{1}{2}mv^2+\frac{k}{2}r^2$$

は，時間 t に関係なく，一定である (命題 3.3.4).

3.4　等位面

3.4.1 定義　$\boldsymbol{R}^3$ の開領域 U で定義された関数 $f=f(x, y, z)$ が，ある点 $\boldsymbol{x}_0=(x_0, y_0, z_0)$ に対して

$$(\operatorname{grad} f)(\boldsymbol{x}_0)\neq\mathbf{0}$$

であると仮定する．このとき，定数 c に対して

$$f(x, y, z)=c \tag{i}$$

は，$\boldsymbol{x}_0$ の近くでは，1つの曲面を表している．実際，$(\operatorname{grad} f)(\boldsymbol{x}_0)\neq\mathbf{0}$ であるから，$\dfrac{\partial f}{\partial x}(\boldsymbol{x}_0)$, $\dfrac{\partial f}{\partial y}(\boldsymbol{x}_0)$, $\dfrac{\partial f}{\partial z}(\boldsymbol{x}_0)$ のどれか1つは0でない．いま，$\dfrac{\partial f}{\partial z}(\boldsymbol{x}_0)\neq 0$ とすると，陰関数定理より，(i)を z で解くことによって，関数 $z=z(x, y)$ で，$z_0=z(x_0, y_0)$, $f(x, y, z(x, y))=c$ を満たすものが，(x_0, y_0) の近傍 D で存在する．よって，点 $\boldsymbol{x}_0$ の近くでは，(i)は曲面

$$\boldsymbol{x}(x, y)=(x, y, z(x, y)), \quad (x, y)\in D$$

を表している．$\dfrac{\partial f}{\partial x}(\boldsymbol{x}_0)\neq 0$ または $\dfrac{\partial f}{\partial y}(\boldsymbol{x}_0)\neq 0$ のときも同様である．(以上のことを考慮して)(i)を関数 f の**等位面**という．(i)の定数 c の値に，$c_1, c_2, c_3, \cdots$ を与えると，それぞれに等位面が得られる．同じ等位面上で

はポテンシャルが等しいとみて，等位面を**ポテンシャル面**ということもある．

3.4.2 例 (1) 関数

$$f=x^2+y^2+z^2$$

の等位面は，原点 $\mathbf{0}$ を中心とする同心球面である．

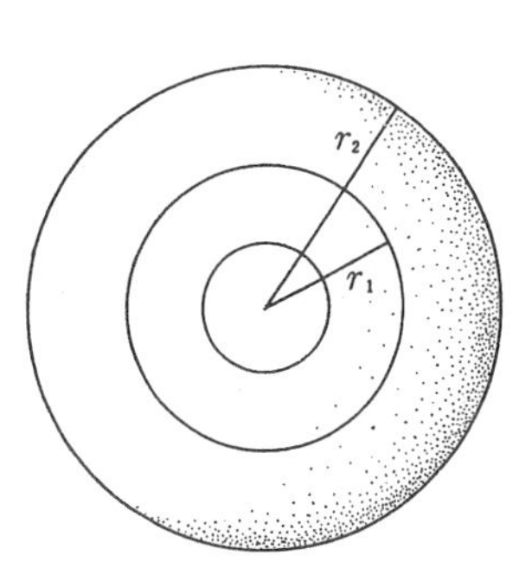

(2) 例 3.3.2 の引力場のポテンシャル

$$u=kM\frac{1}{r}=\frac{kM}{\sqrt{x^2+y^2+z^2}}$$

の等位面も，原点 $\mathbf{0}$ を中心とする同心球面である．

3.4.3 命題 関数 f に対して，$(\mathrm{grad}\, f)(\boldsymbol{x}_0)\neq\mathbf{0}$ とし，

$$f(x, y, z)=c \tag{i}$$

を，点 $\boldsymbol{x}_0$ を通る f の等位面とする．このとき，$(\mathrm{grad}\, f)(\boldsymbol{x}_0)$ は $\boldsymbol{x}_0$ における等位面(i)の接平面に直交している．すなわち，$(\mathrm{grad}\, f)(\boldsymbol{x}_0)$ は，この接平面の傾きである．

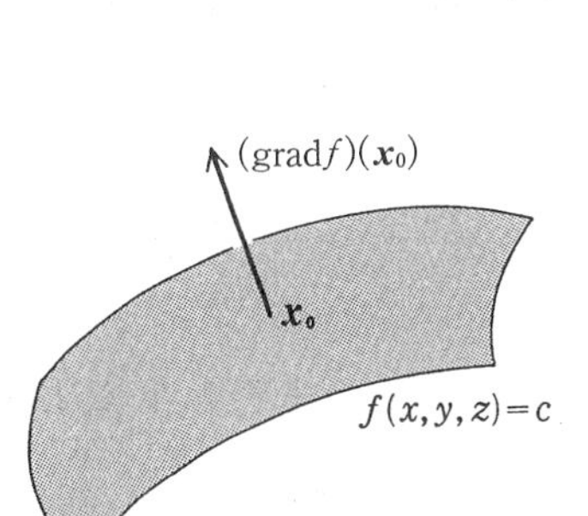

証明 点 $\boldsymbol{x}_0$ を通り，この等位面上にある曲線を $\boldsymbol{x}(t)=(x(t), y(t), z(t))$ ($\boldsymbol{x}(0)=\boldsymbol{x}_0$ としておく) とすると

$$f(x(t), y(t), z(t))=c$$

を満たすので，これを t で微分すると

$$\frac{\partial f}{\partial x}\frac{dx}{dt}+\frac{\partial f}{\partial y}\frac{dy}{dt}+\frac{\partial f}{\partial z}\frac{dz}{dt}=0$$

となる．$t=0$ とおくと

$$\frac{\partial f}{\partial x}(\boldsymbol{x}_0)\frac{dx}{dt}(0)+\frac{\partial f}{\partial y}(\boldsymbol{x}_0)\frac{dy}{dt}(0)+\frac{\partial f}{\partial z}(\boldsymbol{x}_0)\frac{dz}{dt}(0)=0$$

となり，これは $(\mathrm{grad}\, f)(\boldsymbol{x}_0)$ が曲線 $\boldsymbol{x}(t)$ の $\boldsymbol{x}_0$ における接線ベクトル

$\dfrac{d\boldsymbol{x}}{dt}(0)$ と直交していることを示している．よって，命題が示された．

3.4.4 定義　f を $\boldsymbol{R}^3$ の開領域で定義された関数とし，$\boldsymbol{m}$ を（定数）ベクトルとする．f の勾配 $\mathrm{grad}\,f$ と $\boldsymbol{m}$ の内積 $(\mathrm{grad}\,f)\boldsymbol{m}$ を

$$\frac{\partial f}{\partial \boldsymbol{m}}=(\mathrm{grad}\,f)\boldsymbol{m}$$

で表し，関数 f の**方向 $\boldsymbol{m}$ の微分係数**という．これは

$$\lim_{t\to 0}\frac{f(\boldsymbol{x}+t\boldsymbol{m})-f(\boldsymbol{x})}{t}=\frac{df}{dt}(\boldsymbol{x}+t\boldsymbol{m})\bigg|_{t=0}$$

$$=(\mathrm{grad}\,f)(\boldsymbol{x})\boldsymbol{m}=\frac{\partial f}{\partial \boldsymbol{m}}(\boldsymbol{x})$$

で定義してもよい．

$\boldsymbol{n}$ が単位ベクトルであるとき，$\mathrm{grad}\,f$ と $\boldsymbol{n}$ のなす角を θ とするとき，関数 f の方向 $\boldsymbol{n}$ の微分係数 $\dfrac{\partial f}{\partial \boldsymbol{n}}$ は

$$\frac{\partial f}{\partial \boldsymbol{n}}=|\mathrm{grad}\,f|\cos\theta$$

となっている (1.2.6) ことを注意しておく．

3.5　ベクトル場の回転と発散

3.5.1 定義　$\boldsymbol{R}^3$ の開領域 U で定義されたベクトル場 $\boldsymbol{a}=(a_1, a_2, a_3)$ に対し，同じ領域 U で定義されたベクトル場 $\mathrm{rot}\,\boldsymbol{a}$ を

$$\mathrm{rot}\ \boldsymbol{a}=\left(\frac{\partial a_3}{\partial y}-\frac{\partial a_2}{\partial z}, \frac{\partial a_1}{\partial z}-\frac{\partial a_3}{\partial x}, \frac{\partial a_2}{\partial x}-\frac{\partial a_1}{\partial y}\right)$$

で定義し，これを $\boldsymbol{a}$ の**回転**という．ベクトル解析では，記号 $\nabla=\left(\dfrac{\partial}{\partial x}, \dfrac{\partial}{\partial y}, \dfrac{\partial}{\partial z}\right)$ を用いて

$$\nabla\times\boldsymbol{a}=\mathrm{rot}\,\boldsymbol{a}$$

で表すことが多い．

3.5.2 定義　$\boldsymbol{R}^3$ の開領域Uで定義されたベクトル場 $\boldsymbol{p}=(p_1, p_2, p_3)$ に対し，同じ領域Uで定義された関数 $\operatorname{div}\boldsymbol{p}$ を

$$\operatorname{div}\boldsymbol{p}=\frac{\partial p_1}{\partial x}+\frac{\partial p_2}{\partial y}+\frac{\partial p_3}{\partial z}$$

で定義し，これを $\boldsymbol{p}$ の**発散**という．ベクトル解析では，記号 $\nabla=\left(\frac{\partial}{\partial x},\frac{\partial}{\partial y},\frac{\partial}{\partial z}\right)$ を用いて

$$\nabla\boldsymbol{p}=\operatorname{div}\boldsymbol{p}$$

で表すことが多い．

3.5.3 定理　(1)　関数 f に対し

$$\operatorname{rot}(\operatorname{grad}f)=\boldsymbol{0}$$

が成り立つ．

(2)　ベクトル場 $\boldsymbol{a}$ に対して

$$\operatorname{div}(\operatorname{rot}\boldsymbol{a})=0$$

が成り立つ．

証明　(1)　$\operatorname{rot}(\operatorname{grad}f)=\operatorname{rot}\left(\frac{\partial f}{\partial x},\frac{\partial f}{\partial y},\frac{\partial f}{\partial z}\right)$

$$=\left(\frac{\partial^2 f}{\partial y\partial z}-\frac{\partial^2 f}{\partial z\partial y},\frac{\partial^2 f}{\partial z\partial x}-\frac{\partial^2 f}{\partial x\partial z},\frac{\partial^2 f}{\partial x\partial y}-\frac{\partial^2 f}{\partial y\partial x}\right)$$

$$=(0,0,0)=\boldsymbol{0}$$

(2)　$\operatorname{div}(\operatorname{rot}\boldsymbol{a})=\operatorname{div}\left(\frac{\partial a_3}{\partial y}-\frac{\partial a_2}{\partial z},\frac{\partial a_1}{\partial z}-\frac{\partial a_3}{\partial x},\frac{\partial a_2}{\partial x}-\frac{\partial a_1}{\partial y}\right)$

$$=\left(\frac{\partial^2 a_3}{\partial x\partial y}-\frac{\partial^2 a_2}{\partial x\partial z}\right)+\left(\frac{\partial^2 a_1}{\partial y\partial z}-\frac{\partial^2 a_3}{\partial y\partial x}\right)+\left(\frac{\partial^2 a_2}{\partial z\partial x}-\frac{\partial^2 a_1}{\partial z\partial y}\right)=0$$

3.5.4 例　2.6.2の引力場 $\boldsymbol{F}=-kM\frac{\boldsymbol{x}}{r^3}$ は保存力場であった(例3.3.2)から

$$\operatorname{rot}\boldsymbol{F}=\boldsymbol{0}$$

が成り立つ(定理3.5.3(1))．

3.5.5　$\boldsymbol{R}^3$ の開領域 U で定義された関数 f とベクトル場 $\boldsymbol{a}$ に対して

$$\mathrm{rot}(\mathrm{grad}\, f)=\boldsymbol{0},\quad \mathrm{div}(\mathrm{rot}\, \boldsymbol{a})=0$$

が成り立った(定理3.5.3)が，この逆命題(次の定理3.5.6，定理3.5.7)を考えてみよう．一般には，この逆命題は成り立たない．(その例は，後(例4.2.6)で示す)．この逆命題が成り立つかどうかは，ベクトル場が定義されている領域の幾何学的性質(領域の位相)に依存しているのである．(この事実は，多様体の de Rham コホモロジー理論で解決されているので，その方面の書を参照して下さい)．ここでは，領域が，全空間 $\boldsymbol{R}^3$，球面の内部 $\{\boldsymbol{x}\in\boldsymbol{R}^3 \mid |\boldsymbol{x}-\boldsymbol{a}|<r\}$，立方体の内部(例えば $I^3-\partial I^3$) ならば，逆命題が成り立つための十分条件になっていることを，次の2つの定理で示そう．

3.5.6 定理(Poincaré の補題)　空間 $\boldsymbol{R}^3$，球面の内部，または立方体の内部 U で定義されたベクトル場 $\boldsymbol{a}$ に対し，

$$\mathrm{rot}\, \boldsymbol{a}=\boldsymbol{0} \quad ならば \quad \boldsymbol{a}=\mathrm{grad}\, f$$

となる U 上の関数 f が存在する．

証明　領域 U が原点 $\boldsymbol{0}$ を含んでいるとして証明しよう．(こうして証明して十分である)．ベクトル場 $\boldsymbol{a}=(a_1, a_2, a_3)$ に対して，関数 f を

$$f(x, y, z)=\int_0^x a_1(\xi, y, z)d\xi+\int_0^y a_2(0, \eta, z)d\eta+\int_0^z a_3(0, 0, \zeta)d\zeta$$

と定義すればよい．実際，$\mathrm{rot}\, \boldsymbol{a}=\boldsymbol{0}$ の条件は

$$\frac{\partial a_3}{\partial y}=\frac{\partial a_2}{\partial z},\quad \frac{\partial a_1}{\partial z}=\frac{\partial a_3}{\partial x},\quad \frac{\partial a_2}{\partial x}=\frac{\partial a_1}{\partial y} \tag{i}$$

である．これを用いて，$\mathrm{grad}\, f$ の各成分を計算すると

$$\frac{\partial f}{\partial x}=a_1(x, y, z),$$

$$\begin{aligned}\frac{\partial f}{\partial y}&=\int_0^x \frac{\partial a_1}{\partial y}(\xi, y, z)d\xi+a_2(0, y, z)\\ &=\int_0^x \frac{\partial a_2}{\partial x}(\xi, y, z)d\xi+a_2(0, y, z) \quad ((\mathrm{i})による)\\ &=\Big[a_2(\xi, y, z)\Big]_0^x+a_2(0, y, z)\end{aligned}$$

$$=a_2(x,y,z),$$

$$\frac{\partial f}{\partial z}=\int_0^x \frac{\partial a_1}{\partial z}(\xi,y,z)d\xi+\int_0^y \frac{\partial a_2}{\partial z}(0,\eta,z)d\eta+a_3(0,0,z)$$

$$=\int_0^x \frac{\partial a_3}{\partial x}(\xi,y,z)d\xi+\int_0^y \frac{\partial a_3}{\partial y}(0,\eta,z)d\eta+a_3(0,0,z) \quad \text{((i)による)}$$

$$=[a_3(\xi,y,z)]_0^x+[a_3(0,\eta,z)]_0^y+a_3(0,0,z)$$

$$=a_3(x,y,z)$$

となり，$\mathrm{grad}\,f=(a_1,a_2,a_3)=\boldsymbol{a}$ が示された．($\boldsymbol{a}$ に対し，$\boldsymbol{a}=\mathrm{grad}\,f$ となる f は1通りではない．例えば，$f+c$ (c は定数) に対しても，$\boldsymbol{a}=\mathrm{grad}(f+c)$ となる)．

3.5.7 定理 (Poincaré の補題) 空間 $\boldsymbol{R}^3$, 球面の内部, または立方体の内部 U で定義されたベクトル場 $\boldsymbol{p}$ に対し，

$$\mathrm{div}\,\boldsymbol{p}=0 \quad \text{ならば} \quad \boldsymbol{p}=\mathrm{rot}\,\boldsymbol{a}$$

となる U 上のベクトル場 $\boldsymbol{a}$ が存在する．

証明 領域 U が原点 $\mathbf{0}$ を含んでいるとして証明しよう．(こうして証明して十分である)．ベクトル場 $\boldsymbol{p}=(p_1,p_3,p_3)$ に対して，ベクトル場 $\boldsymbol{a}=(a_1,a_2,a_3)$ を

$$a_1=\int_0^z p_2(x,y,\zeta)d\zeta$$

$$a_2=-\int_0^z p_1(x,y,\zeta)d\zeta+\int_0^x p_3(\xi,y,0)d\xi,$$

$$a_3=0$$

と定義すればよい．実際，$\mathrm{div}\,\boldsymbol{p}=0$ の条件は

$$-\frac{\partial p_1}{\partial x}-\frac{\partial p_2}{\partial y}=\frac{\partial p_3}{\partial z} \tag{i}$$

である．これを用いて，$\mathrm{rot}\,\boldsymbol{a}$ の各成分を計算すると

$$\frac{\partial a_3}{\partial y}-\frac{\partial a_2}{\partial z}=0-(-p_1(x,y,z))=p_1(x,y,z),$$

$$\frac{\partial a_1}{\partial z}-\frac{\partial a_3}{\partial x}=p_2(x,y,z)-0=p_2(x,y,z),$$

$$\frac{\partial a_2}{\partial x}-\frac{\partial a_1}{\partial y}=\left(-\int_0^z \frac{\partial p_1}{\partial x}(x, y, \zeta)d\zeta+p_3(x, y, 0)\right)-\int_0^z \frac{\partial p_2}{\partial y}(x, y, \zeta)d\zeta$$

$$=\int_0^z \frac{\partial p_3}{\partial z}(x, y, \zeta)d\zeta+p_3(x, y, 0) \quad ((\mathrm{i})\text{による})$$

$$=[p_3(x, y, \zeta)]_0^z+p_3(x, y, 0)$$

$$=p_3(x, y, z)$$

となり，$\mathrm{rot}\,\boldsymbol{a}=(p_1, p_2, p_3)=\boldsymbol{p}$ が示された．($\boldsymbol{p}$ に対し，$\boldsymbol{p}=\mathrm{rot}\,\boldsymbol{a}$ となる $\boldsymbol{a}$ は1通りではない．例えば，$\boldsymbol{a}+\mathrm{grad}\,f$（$f$ は関数）に対しても，$\boldsymbol{p}=\mathrm{rot}(\boldsymbol{a}+\mathrm{grad}\,f)$ となる（定理 3.5.3 (1))($\boldsymbol{p}=\mathrm{rot}\,\boldsymbol{a}$ のとき $\boldsymbol{a}$ を $\boldsymbol{p}$ の**ベクトルポテンシャル**という))．

3.6　微分形式

3.6.1　われわれは，閉区間 $[a, b]$ で定義された連続関数 $f(x)$ に対して，積分 $\int_a^b f(x)dx$ が定義されることを知っている．(積分は今までに既に幾度か用いている)．この積分を，関数 $f(x)$ と積分記号 $\int_a^b dx$ とを組み合せたものと思うこともできるが，ここでは，形式 $f(x)dx$ と記号 $\int_a^b$ の組み合せと思うことにしよう．すなわち，関数 $f(x)$ を積分するという代りに，形式 $f(x)dx$ を積分するとみなすのである．積分の定義を考えると，この方が自然である．積分 $\int_a^b f(x)dx$ は，関数値 $f(x)$ と微小区間 dx の積 $f(x)dx$ を加え合せたものであるからである．この考え方は，重積分 $\iint_D f(x, y)dxdy$ に対しても適応される．すなわち，この2重積分は，関数値 $f(x,\ y)$ と微小面積 $dxdy$ の積 $f(x, y)dxdy$ を加え合せたものとみるのである．これは，3重積分 $\iiint_V f(x, y, z)dxdydz$ に対しても同様であ

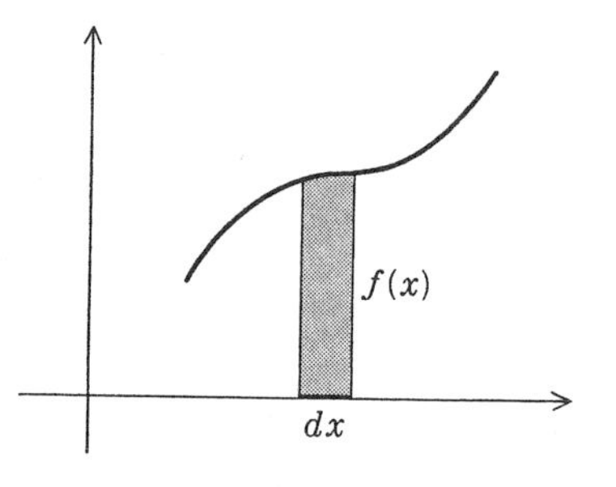

る．さて，以下の話では，dx, dy, dz は「微小量」ということから離れて，ある「記号」と思うこともできる．もちろん，数学，物理学的に dx, dy が微小量であるという考え方は，本質的なものではあるけれども，これを忘れても，以下の話は理解できるであろう．

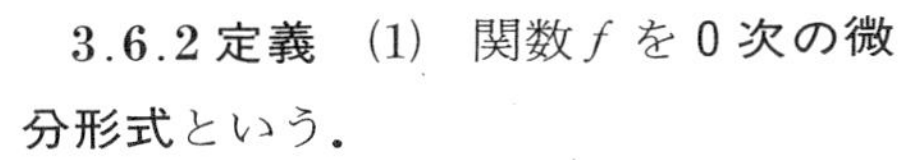

3.6.2 定義　(1)　関数 f を 0 次の**微分形式**という．

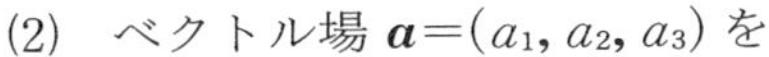

(2)　ベクトル場 $\boldsymbol{a}=(a_1, a_2, a_3)$ を

$$\boldsymbol{a}=a_1dx+a_3dy+a_3dz$$

で表し，この $\boldsymbol{a}$ を 1 次の**微分形式**という．ここで，dx, dy, dz は(ある算法に従う)記号と思うことにしよう．(dx, dy, dz の数学的な意味付けを知りたい人は「多様体」の書を見て下さい)．

(3)　ベクトル場 $\boldsymbol{p}=(p_1, p_2, p_3)$を

$$\boldsymbol{p}=p_1dydz+p_2dzdx+p_3dxdy$$

で表し，この $\boldsymbol{p}$ を 2 次の**微分形式**という．ここに，dx, dy, dz は上記(2)のものと同じであり，$dydz, dzdx, dxdy$ はそれらの形式的な積(**外積**という(1.4 参照))であり，算法

$$dxdx=dydy=dzdz=0$$

$$dydz=-dzdy,\ dzdx=-dxdz,\ dxdy=-dydx$$

に従うものとする．

(4)　関数 g に対し

$$gdxdydz$$

を考え，これを 3 次の**微分形式**という．$dxdydz$ も，dx, dy, dz の形式的な積(**外積**という(1.4 参照))であり，このうちの 2 つを交換すると符号が変るのは，(3)の場合と同様である．例えば，

$$dxdydz=dydzdx=dzdxdy$$

$$=-dydxdz=-dzdydx=-dxdzdy$$

である．

(5)　4次(以上)の微分形式は0以外には存在しない．

3.6.3 注意　1.4節にあるように，外積 $dxdy, dxdydz$ は，それぞれ，$dx \wedge dy$，$dx \wedge dy \wedge dz$ と書く方が正しい．しかし，本書では，記号 $\wedge$ を省略することにした．ただし，混同が起るようなときには，記号 $\wedge$ をいれている．

3.6.4　dx, dy, dz の間に外積が定義されているので，微分形式の間にも外積が自然と定義される(1.4参照)．

(1)　関数 f と1次の微分形式 $\boldsymbol{a}$ との外積 $f\boldsymbol{a}$ は

$$f\boldsymbol{a} = f(a_1dx + a_2dy + a_3dz) = fa_1dx + fa_2dy + fa_3dz$$

である．関数 f と，2, 3次の微分形式 $\boldsymbol{p}, \boldsymbol{g}$ との外積 $f\boldsymbol{p}, f\boldsymbol{g}$ も同様で，各係数に f を掛けるだけである．

(2)　2つの1次の微分形式 $\boldsymbol{a}, \boldsymbol{b}$ の外積 $\boldsymbol{a} \wedge \boldsymbol{b}$ は

$$\begin{aligned}\boldsymbol{a} \wedge \boldsymbol{b} &= (a_1dx + a_2dy + a_3dz) \wedge (b_1dx + b_2dy + b_3dz) \\ &= (a_2b_3 - b_2a_3)dydz + (a_3b_1 - b_3a_1)dzdx + (a_1b_2 - b_1a_2)dxdy\end{aligned}$$

となる．これは

$$\boldsymbol{a} \wedge \boldsymbol{b} \leftrightarrow \boldsymbol{a} \times \boldsymbol{b}$$

の対応があることを示している．

(3)　1次の微分形式 $\boldsymbol{a}$ と2次の微分形式 $\boldsymbol{p}$ の外積 $\boldsymbol{a} \wedge \boldsymbol{p}$ は

$$\begin{aligned}\boldsymbol{a} \wedge \boldsymbol{p} &= (a_1dx + a_2dy + a_3dz) \wedge (p_1dydz + p_2dzdx + p_3dxdy) \\ &= (a_1p_1 + a_2p_2 + a_3p_3)dxdydz\end{aligned}$$

となる．

(4)　1次と3次，2次と2次，2次と3次，3次と3次の微分形式の外積はすべて0である．

3.7　微分形式の外微分

微分形式 ω に対して，その外微分 $d\omega$ を定義しよう．ω が i 次の微分形式ならば，$d\omega$ は $i+1$ 次の微分形式になっている．

3.7.1 定義 (1) 関数 f の**外微分** df を

$$df=\frac{\partial f}{\partial x}dx+\frac{\partial f}{\partial y}dy+\frac{\partial f}{\partial z}dz$$

で定義する．これは

$$df \leftrightarrow \mathrm{grad}\, f$$

の対応があることを示している．

(2) 1次の微分形式 $\boldsymbol{a}=a_1dx+a_2dy+a_3dz$ に対し，$\boldsymbol{a}$ の**外微分** $d\boldsymbol{a}$ を

$$d\boldsymbol{a}=da_1\wedge dx+da_2\wedge dy+da_3\wedge dz$$

で定義する．これを計算すると

$$\begin{aligned}d\boldsymbol{a}&=\left(\frac{\partial a_1}{\partial x}dx+\frac{\partial a_1}{\partial y}dy+\frac{\partial a_1}{\partial z}dz\right)dx+\left(\frac{\partial a_2}{\partial x}dx+\frac{\partial a_2}{\partial y}dy+\frac{\partial a_2}{\partial z}dz\right)dy\\&\quad+\left(\frac{\partial a_3}{\partial x}dx+\frac{\partial a_3}{\partial y}dy+\frac{\partial a_3}{\partial z}dz\right)dz\\&=\left(\frac{\partial a_3}{\partial y}-\frac{\partial a_2}{\partial z}\right)dydz+\left(\frac{\partial a_1}{\partial z}-\frac{\partial a_3}{\partial x}\right)dzdx+\left(\frac{\partial a_2}{\partial x}-\frac{\partial a_1}{\partial y}\right)dxdy\end{aligned}$$

となる．これは

$$d\boldsymbol{a} \leftrightarrow \mathrm{rot}\,\boldsymbol{a}$$

の対応があることを示している．

(3) 2次の微分形式 $\boldsymbol{p}=p_1dydz+p_2dzdx+p_3dxdy$ に対し，$\boldsymbol{p}$ の外微分 $d\boldsymbol{p}$ を

$$d\boldsymbol{p}=dp_1\wedge dydz+dp_2\wedge dzdx+dp_3\wedge dxdy$$

で定義する．これを計算すると

$$\begin{aligned}d\boldsymbol{p}&=\left(\frac{\partial p_1}{\partial x}dx+\frac{\partial p_1}{\partial y}dy+\frac{\partial p_1}{\partial z}dz\right)dydz+\left(\frac{\partial p_2}{\partial x}dx+\frac{\partial p_2}{\partial y}dy+\frac{\partial p_2}{\partial z}dz\right)dzdx\\&\quad+\left(\frac{\partial p_3}{\partial x}dx+\frac{\partial p_3}{\partial y}dy+\frac{\partial p_3}{\partial z}dz\right)dxdy\\&=\left(\frac{\partial p_1}{\partial x}+\frac{\partial p_2}{\partial y}+\frac{\partial p_3}{\partial z}\right)dxdydz\end{aligned}$$

となる．これは

$$d\boldsymbol{p} \leftrightarrow \mathrm{div}\,\boldsymbol{p}$$

の対応があることを示している．

(4)　3次の微分形式 $\boldsymbol{g}=g\,dxdydz$ に対し，$\boldsymbol{g}$ の**外微分** $d\boldsymbol{g}$ を，$d\boldsymbol{g}=dg\wedge dxdydz$，すなわち

$$d\boldsymbol{g}=0$$

で定義する．

3.7.2 定理　(1)　微分形式 ω に対して

$$dd\omega=0$$

が成り立つ．

(2)　2つの微分形式 ω, φ に対して

$$d(\omega+\varphi)=d\omega+d\varphi,$$
$$d(\omega\wedge\varphi)=d\omega\wedge\varphi+(-1)^i\omega\wedge d\varphi$$

が成り立つ．ただし，ω は i 次の微分形式であるとする．

証明　(1)　直接計算してもよいが，定理3.5.3の $\mathrm{rot}(\mathrm{grad}\,f)=\mathbf{0}$，$\mathrm{div}(\mathrm{rot}\,\boldsymbol{a})=0$ に対応する事実である．なお，2次(以上)の微分形式 ω に対しては，$dd\omega$ は4次(以上)の微分形式となるので，$dd\omega=0$ である．

(2)　ω, φ が次数が同じ微分形式のときは，$d(\omega+\varphi)=d\omega+d\varphi$ は明らかである．(ω, φ の次数が異なるときの和は定義していないし，また後でも用いないが，和 $\omega+\varphi$ を形式的なものとするときには，$d(\omega+\varphi)=d\omega+d\varphi$ は定義であるとしておく)．次に，(2)の $d(\omega\wedge\varphi)=d\omega\wedge\varphi+(-1)^i\omega\wedge d\varphi$ を，ω, φ の次数について場合分けして証明しよう．

(i)　f, g が関数のとき，

$$\begin{aligned}
d(fg)&=\frac{\partial(fg)}{\partial x}dx+\frac{\partial(fg)}{\partial y}dy+\frac{\partial(fg)}{\partial z}dz\\
&=\left(\frac{\partial f}{\partial x}g+f\frac{\partial g}{\partial x}\right)dx+\left(\frac{\partial f}{\partial y}g+f\frac{\partial g}{\partial y}\right)dy+\left(\frac{\partial f}{\partial z}g+f\frac{\partial g}{\partial z}\right)dz\\
&=\left(\frac{\partial f}{\partial x}dx+\frac{\partial f}{\partial y}dy+\frac{\partial f}{\partial z}dz\right)g+f\left(\frac{\partial g}{\partial x}dx+\frac{\partial g}{\partial y}dy+\frac{\partial g}{\partial z}dz\right)\\
&=(df)g+f(dg)
\end{aligned}$$

となる．

(ii)　f が関数，$\boldsymbol{a}$ が1次の微分形式のとき，

$$
\begin{aligned}
d(f\boldsymbol{a}) &= d(fa_1dx + fa_2dy + fa_3dz) \\
&= d(fa_1)\wedge dx + d(fa_2)\wedge dy + d(fa_3)\wedge dz \\
&= \cdots\cdots(\text{(i)と同様な計算をして})\cdots \\
&= (df)\wedge\boldsymbol{a} + f(d\boldsymbol{a})
\end{aligned}
$$

となる．

(iii) f が関数，$\boldsymbol{p}$ が 2 次の微分形式のとき，(ii)と同様であるので省略する．

(iv) $\boldsymbol{a}, \boldsymbol{b}$ が 1 次の微分形式のとき，

$$
\begin{aligned}
&d(\boldsymbol{a}\wedge\boldsymbol{b}) = d((a_1dx + a_2dy + a_3dz)\wedge(b_1dx + b_2dy + b_3dz)) \\
&= d((a_2b_3 - b_2a_3)dydz + (a_3b_1 - b_3a_1)dzdx + (a_1b_2 - b_1a_2)dxdy) \\
&= \left(\frac{\partial}{\partial x}(a_2b_3 - b_2a_3) + \frac{\partial}{\partial y}(a_3b_1 - b_3a_1) + \frac{\partial}{\partial z}(a_1b_2 - b_1a_2)\right)dxdydz \\
&= \left(\left(\frac{\partial a_2}{\partial x}b_3 + a_2\frac{\partial b_3}{\partial x} - \frac{\partial b_2}{\partial x}a_3 - b_2\frac{\partial a_3}{\partial x}\right) + \left(\frac{\partial a_3}{\partial y}b_1 + a_3\frac{\partial b_1}{\partial y} - \frac{\partial b_3}{\partial y}a_1 - b_3\frac{\partial a_1}{\partial y}\right)\right. \\
&\qquad \left. + \left(\frac{\partial a_1}{\partial z}b_2 + a_1\frac{\partial b_2}{\partial z} - \frac{\partial b_1}{\partial z}a_2 - b_1\frac{\partial a_2}{\partial z}\right)\right)dxdydz
\end{aligned}
$$

となる．一方，

$$
\begin{aligned}
&d\boldsymbol{a}\wedge\boldsymbol{b} - \boldsymbol{a}\wedge d\boldsymbol{b} \\
&\quad = \left(\left(\frac{\partial a_3}{\partial y} - \frac{\partial a_2}{\partial z}\right)dydz + \left(\frac{\partial a_1}{\partial z} - \frac{\partial a_3}{\partial x}\right)dzdx + \left(\frac{\partial a_2}{\partial x} - \frac{\partial a_1}{\partial y}\right)dxdy\right) \\
&\quad\quad \wedge(b_1dx + b_2dy + b_3dz) - (a_1dx + a_2dy + a_3dz)\wedge \\
&\quad\quad \left(\left(\frac{\partial b_3}{\partial y} - \frac{\partial b_2}{\partial z}\right)dydz + \left(\frac{\partial b_1}{\partial z} - \frac{\partial b_3}{\partial x}\right)dzdx + \left(\frac{\partial b_2}{\partial x} - \frac{\partial b_1}{\partial y}\right)dxdy\right) \\
&\quad = \left(\left(\frac{\partial a_3}{\partial y} - \frac{\partial a_2}{\partial z}\right)b_1 + \left(\frac{\partial a_1}{\partial z} - \frac{\partial a_3}{\partial x}\right)b_2 + \left(\frac{\partial a_2}{\partial x} - \frac{\partial a_1}{\partial y}\right)b_3\right)dxdydz \\
&\quad\quad - \left(a_1\left(\frac{\partial b_3}{\partial y} - \frac{\partial b_2}{\partial z}\right) + a_2\left(\frac{\partial b_1}{\partial z} - \frac{\partial b_3}{\partial x}\right) + a_3\left(\frac{\partial b_2}{\partial x} - \frac{\partial b_1}{\partial y}\right)\right)dxdydz
\end{aligned}
$$

となるが，これは上式と一致している．

(v) ω, φ の次数が 1 次(以上)，2 次(以上)のときは，両辺共に 0 となり，当然成り立っている．

3.7.3 定理 3.7.2 (2)の $d(\omega\wedge\varphi) = d\omega\wedge\varphi + (-1)^i\omega\wedge d\varphi$ を，$\operatorname{grad} f$，$\operatorname{rot}\boldsymbol{a}$，$\operatorname{div}\boldsymbol{p}$ の記号を用いて書くと，次のようになる．すなわち，関数 f，

g，ベクトル場 $\boldsymbol{a}$, $\boldsymbol{b}$, $\boldsymbol{p}$ に対し

(1)　$\mathrm{grad}(fg)=(\mathrm{grad}\, f)g+f(\mathrm{grad}\, g)$

(2)　$\mathrm{rot}(f\boldsymbol{a})=(\mathrm{grad}\, f)\boldsymbol{a}+f(\mathrm{rot}\,\boldsymbol{a})$

(3)　$\mathrm{div}(f\boldsymbol{p})=(\mathrm{grad}\, f)\boldsymbol{p}+f(\mathrm{div}\,\boldsymbol{p})$

(4)　$\mathrm{div}(\boldsymbol{a}\times\boldsymbol{b})=(\mathrm{rot}\,\boldsymbol{a})\boldsymbol{b}-\boldsymbol{a}(\mathrm{rot}\,\boldsymbol{b})$

が成り立つ．

3.7.4 定義　i 次の微分形式 ω を $3-i$ 次の微分形式 $*\omega$ に対応させる作用素 $*$ (1.4.5 参照) を

$$*(f)=fdxdydz$$
$$*(a_1dx+a_2dy+a_3dz)=a_1dydz+a_2dzdx+a_3dxdy$$
$$*(p_1dydz+p_2dzdx+p_3dxdy)=p_1dx+p_2dy+p_3dz$$
$$*(gdxdydz)=g$$

で定義する．この作用素 $*$ を**Hodge の $*$-作用素**という．($*$-作用素は，$**=1$ を満たしている)．

3.7.5 定義　i 次の微分形式 ω に対し，$i-1$ 次の微分形式 $\delta\omega$ を

$$\delta\omega=(-1)^i * d * \omega$$

で定義し，$\delta\omega$ を ω の**相対外微分**という．

3.7.6　微分形式 ω の相対外微分 $\delta\omega$ を具体的に計算すると次のようになる．

$$\delta f=0,$$
$$\delta\boldsymbol{a}=\delta(a_1dx+a_2dy+a_3dz)=-\left(\frac{\partial a_1}{\partial x}+\frac{\partial a_2}{\partial y}+\frac{\partial a_3}{\partial z}\right),$$
$$\delta\boldsymbol{p}=\delta(p_1dydz+p_2dzdx+p_3dxdy)$$
$$=\left(\frac{\partial p_3}{\partial y}-\frac{\partial p_2}{\partial z}\right)dx+\left(\frac{\partial p_1}{\partial z}-\frac{\partial p_3}{\partial x}\right)dy+\left(\frac{\partial p_2}{\partial x}-\frac{\partial p_1}{\partial y}\right)dz,$$
$$\delta\boldsymbol{g}=\delta(gdxdydz)=-\frac{\partial g}{\partial x}dydz-\frac{\partial g}{\partial y}dzdx-\frac{\partial g}{\partial z}dxdy.$$

これらは

$$\delta\boldsymbol{a} \leftrightarrow -\mathrm{div}\,\boldsymbol{a},\quad \delta\boldsymbol{p} \leftrightarrow \mathrm{rot}\,\boldsymbol{p},\quad \delta\boldsymbol{g} \leftrightarrow -\mathrm{grad}\, g$$

の対応があることを示している．

3.8 Laplace 作用素と調和微分形式

3.8.1 定義 関数 f に対し，関数 Δf を

$$\Delta f=\frac{\partial^2 f}{\partial x^2}+\frac{\partial^2 f}{\partial y^2}+\frac{\partial^2 f}{\partial z^2}$$

で定義し，f の**Laplacian** という．これは

$$\Delta f=\operatorname{div}(\operatorname{grad} f)$$

で定義することもできる．ベクトル解析では，記号 $\Delta^2=\left(\frac{\partial^2}{\partial x^2}, \frac{\partial^2}{\partial y^2}, \frac{\partial^2}{\partial z^2}\right)$ を用いて

$$\nabla^2 f=\Delta f$$

で表すことが多い．関数 f が，$\Delta f=0$ となるとき，すなわち

$$\frac{\partial^2 f}{\partial x^2}+\frac{\partial^2 f}{\partial y^2}+\frac{\partial^2 f}{\partial z^2}=0$$

を満たすとき，f は**調和**であるという．

3.8.2 例 $\boldsymbol{R}^3$ の開領域 $\boldsymbol{R}^3-\{\boldsymbol{0}\}$ で定義された関数

$$u=\frac{1}{r}=\frac{1}{\sqrt{x^2+y^2+z^2}}$$

は調和である（問 3.9(2) 参照）．実際，

$$\frac{\partial u}{\partial x}=\frac{\partial}{\partial x}\left(\frac{1}{r}\right)=-\frac{x}{r^3},\quad \frac{\partial^2 u}{\partial x^2}=\frac{\partial}{\partial x}\left(-\frac{x}{r^3}\right)=\frac{2x^2-y^2-z^2}{r^5}$$

となるので，$\Delta u=\frac{\partial^2 u}{\partial x^2}+\frac{\partial^2 u}{\partial y^2}+\frac{\partial^2 u}{\partial z^2}=\frac{1}{r^5}((2x^2-y^2-z^2)+(2y^2-z^2-x^2)+(2z^2-x^2-y^2))=0$ となる．よって，u は調和関数である．

3.8.3 定義 微分形式 ω に対しても，その **Laplacian** $\Delta\omega$ を，その係数の関数の Laplacian をとることにより定義する．すなわち，

$$\begin{aligned}
\Delta\boldsymbol{a}&=\Delta(a_1dx+a_2dy+a_3dz)=\Delta a_1dx+\Delta a_2dy+\Delta a_3dz,\\
\Delta\boldsymbol{p}&=\Delta(p_1dydz+p_2dzdx+p_3dxdy)\\
&=\Delta p_1dydz+\Delta p_2dzdx+\Delta p_3dxdy\\
\Delta\boldsymbol{g}&=\Delta(gdxdydz)=\Delta gdxdydz
\end{aligned}$$

で定義する．微分形式 ω が

$$\Delta\omega=\boldsymbol{0}$$

であるとき，ω は**調和**であるという．

調和な微分形式は，多様体の de Rham コホモロジー理論において，特に重要な役割を果すことになるのであるが，本書では触れない．

3.8.4 命題　微分形式 ω に対して

$$(d\delta+\delta d)\omega=-\Delta\omega$$

が成り立つ．特に，関数 f と3次の微分形式 $\boldsymbol{g}$ に対しては

$$\delta df=-\Delta f,\quad d\delta\boldsymbol{g}=-\Delta\boldsymbol{g}$$

が成り立つ．

証明　(1)　ω が関数 f のとき，$d\delta f=0$ に注意しよう．さて，

$$\begin{aligned}
\delta df&=-*d*(df)=-*d*\left(\frac{\partial f}{\partial x}dx+\frac{\partial f}{\partial y}dy+\frac{\partial f}{\partial z}dz\right)\\
&=-*d\left(\frac{\partial f}{\partial x}dydz+\frac{\partial f}{\partial y}dzdx+\frac{\partial f}{\partial z}dxdy\right)\\
&=-*\left(\frac{\partial^2 f}{\partial x^2}+\frac{\partial^2 f}{\partial y^2}+\frac{\partial^2 f}{\partial z^2}\right)dxdydz\\
&=-\left(\frac{\partial^2 f}{\partial x^2}+\frac{\partial^2 f}{\partial y^2}+\frac{\partial^2 f}{\partial z^2}\right)=-\Delta f
\end{aligned}$$

となる．

(2)　ω が1次の微分形式 $\boldsymbol{a}=a_1dx+a_2dy+a_3dz$ のとき，

$$\begin{aligned}
d\delta\boldsymbol{a}&=d\left(-\frac{\partial a_1}{\partial x}-\frac{\partial a_2}{\partial y}-\frac{\partial a_3}{\partial z}\right)\\
&=\left(-\frac{\partial^2 a_1}{\partial x^2}-\frac{\partial^2 a_2}{\partial x\partial y}-\frac{\partial^2 a_3}{\partial x\partial z}\right)dx+\left(-\frac{\partial^2 a_1}{\partial y\partial x}-\frac{\partial^2 a_2}{\partial y^2}-\frac{\partial^2 a_3}{\partial y\partial z}\right)dy\\
&\quad+\left(-\frac{\partial^2 a_1}{\partial z\partial x}-\frac{\partial^2 a_2}{\partial z\partial y}-\frac{\partial^2 a_3}{\partial z^2}\right)dz,
\end{aligned}$$

$$\delta d\boldsymbol{a}=\delta\left(\left(\frac{\partial a_3}{\partial y}-\frac{\partial a_2}{\partial z}\right)dydz+\left(\frac{\partial a_1}{\partial z}-\frac{\partial a_3}{\partial x}\right)dzdx+\left(\frac{\partial a_2}{\partial x}-\frac{\partial a_1}{\partial y}\right)dxdy\right)$$
$$=\left(\frac{\partial^2 a_2}{\partial y\partial x}-\frac{\partial^2 a_1}{\partial y^2}-\frac{\partial^2 a_1}{\partial z^2}+\frac{\partial^2 a_3}{\partial z\partial x}\right)dx+\left(\frac{\partial^2 a_3}{\partial z\partial y}-\frac{\partial^2 a_2}{\partial z^2}-\frac{\partial^2 a_2}{\partial x^2}\right.$$
$$\left.+\frac{\partial^2 a_1}{\partial x\partial y}\right)dy+\left(\frac{\partial^2 a_1}{\partial x\partial z}-\frac{\partial^2 a_3}{\partial x^2}-\frac{\partial^2 a_3}{\partial y^2}+\frac{\partial^2 a_2}{\partial y\partial z}\right)dz$$

となるが，この2式を加えると

$$(d\delta+\delta d)\boldsymbol{a}=\left(-\frac{\partial^2 a_1}{\partial x^2}-\frac{\partial a_1{}^2}{\partial y^2}-\frac{\partial a_1{}^2}{\partial z^2}\right)dx+\left(-\frac{\partial^2 a_2}{\partial x^2}-\frac{\partial^2 a_2}{\partial y^2}-\frac{\partial^2 a_2}{\partial z^2}\right)dy$$
$$+\left(-\frac{\partial^2 a_3}{\partial x^2}-\frac{\partial^2 a_3}{\partial y^2}-\frac{\partial^2 a_3}{\partial z^2}\right)dz$$
$$=-\Delta\boldsymbol{a}$$

となる．

(3)　2次，3次の微分形式に対しても，それぞれ(2),(1)と同様であるので，計算を省略する．

3.8.5　関数 f, g に対し，次の(1)～(3)

(1)　$\mathrm{div}(f(\mathrm{grad}\, g))=(\mathrm{grad}\, f)(\mathrm{grad}\, g)+f\Delta g$

(2)　$\mathrm{div}(f(\mathrm{grad}\, g)-g(\mathrm{grad}\, f))=f\Delta g-g\Delta f$

(3)　$\Delta(fg)=2(\mathrm{grad}\, f)(\mathrm{grad}\, g)+f\Delta g+g\Delta f$

が成り立つ．

証明　(1)　実際に計算しても容易であるが，3.7.6，命題3.8.4を用いて証明してみよう．f を関数，g を3次の微分形式 $\boldsymbol{g}=g\,dxdydz$ とみると，

$$d(f(-\delta\boldsymbol{g}))=(df)(-\delta\boldsymbol{g})+fd(-\delta\boldsymbol{g})\quad(\text{定理 } 3.7.2\,(2))$$
$$=(df)(-\delta\boldsymbol{g})+f(\Delta\boldsymbol{g})$$

となる．両辺の $dxdydz$ の係数を較べると(1)式である．

(2)　(1)式において，f, g を入れ替えると

(1′)　$\mathrm{div}(g(\mathrm{grad}\, f))=(\mathrm{grad}\, g)(\mathrm{grad}\, f)+g\Delta f$

となる．(1)−(1′)をつくると(2)式を得る．

(3)　(1)+(1′)をつくるとき，(1)+(1′)の

$$\text{左辺}=\operatorname{div}(f(\operatorname{grad} g)+(\operatorname{grad} f)g)=\operatorname{div}(\operatorname{grad}(fg))\ (3.7.3(1))$$
$$=\varDelta(fg)\ (3.8.1)$$

となるので，(3)式を得る．

3.8.6 定理 (Helmholtz)　空間 $\boldsymbol{R}^3$，球面の内部，または，立方体の内部で定義されたベクトル場 $\boldsymbol{a}$ は，関数 f とベクトル場 $\boldsymbol{p}$ を用いて，

$$\boldsymbol{a}=\operatorname{grad} f+\operatorname{rot}\boldsymbol{p}$$

と表せる．

証明　定理を微分形式を用いて表示すると，次のようになる．1次の微分形式 $\boldsymbol{a}$ は，関数 f と2次の微分形式 $\boldsymbol{p}$ を用いて，

$$\boldsymbol{a}=df+\delta\boldsymbol{p}$$

と表される．これを証明するために，関数 φ に対して

$$\varDelta f=\varphi$$

を満たす関数 f が存在することを認めよう．さて，関数 $\delta\boldsymbol{a}$ に対して，$\varDelta f=-\delta\boldsymbol{a}$ を満たす関数 f をとり，$\boldsymbol{a}-df$ をつくると

$$\delta(\boldsymbol{a}-df)=\delta\boldsymbol{a}-\delta df=\delta\boldsymbol{a}+\varDelta f\ (\text{命題 }3.8.4)=0$$

となり，すなわち，$-*d*(\boldsymbol{a}-df)=0$，$d*(\boldsymbol{a}-df)=0$ となる．したがって，定理3.5.7より，1次の微分形式 $\boldsymbol{b}$ が存在して

$$*(\boldsymbol{a}-df)=d\boldsymbol{b}$$

となる．これより，$\boldsymbol{a}-df=*d\boldsymbol{b}=*d**\boldsymbol{b}=\delta(*\boldsymbol{b})$ となるので，$\boldsymbol{p}=*\boldsymbol{b}$ とおくと，$\boldsymbol{a}=df+\delta\boldsymbol{p}$ となる．

3.8.7　Maxwell の電磁方程式　空間 $\boldsymbol{R}^3$ の電場，磁場をそれぞれ $\boldsymbol{E}$，$\boldsymbol{H}$ とし，(これらはベクトル場であり，また，時間 t の関数である)，c を光速とすると

$$\begin{cases}\operatorname{rot}\boldsymbol{H}-\dfrac{1}{c}\dfrac{\partial\boldsymbol{E}}{\partial t}=\boldsymbol{0}\\ \operatorname{div}\boldsymbol{E}=0\end{cases}\qquad\begin{cases}\operatorname{rot}\boldsymbol{E}+\dfrac{1}{c}\dfrac{\partial\boldsymbol{H}}{\partial t}=\boldsymbol{0}\\ \operatorname{div}\boldsymbol{H}=0\end{cases}$$

を満たしている．(これを **Maxwell の電磁方程式** という)．このとき，$\boldsymbol{E}$，$\boldsymbol{H}$ は次の(**波動方程式**とよばれる)微分方程式

$$\frac{1}{c^2}\frac{\partial^2 \boldsymbol{E}}{\partial t^2}-\varDelta \boldsymbol{E}=\boldsymbol{0}, \qquad \frac{1}{c^2}\frac{\partial^2 \boldsymbol{H}}{\partial t^2}-\varDelta \boldsymbol{H}=\boldsymbol{0}$$

を満たすことを証明してみよう．実際，$\boldsymbol{H}$，$\boldsymbol{E}$ を，それぞれ，1次，2次の微分形式とみなし，与えられた電磁方程式を

$$\begin{cases} d\boldsymbol{H}-\dfrac{1}{c}\dfrac{\partial \boldsymbol{E}}{\partial t}=0 & (1) \\ d\boldsymbol{E}=0 & (2) \end{cases} \qquad \begin{cases} \delta\boldsymbol{E}+\dfrac{1}{c}\dfrac{\partial \boldsymbol{H}}{\partial t}=0 & (3) \\ \delta\boldsymbol{H}=0 & (4) \end{cases}$$

と書き直しておく．さて，(1)に δ を施すと $\delta d\boldsymbol{H}-\dfrac{1}{c}\dfrac{\partial}{\partial t}(\delta\boldsymbol{E})=0$ となるが，これに(3)を代入すると，$\delta d\boldsymbol{H}+\dfrac{1}{c^2}\dfrac{\partial^2 \boldsymbol{H}}{\partial t^2}=0$ となる．しかるに，$-\varDelta\boldsymbol{H}=(d\delta+\delta d)\boldsymbol{H}$（命題 3.8.4）$=0+\delta d\boldsymbol{H}$（(4)の条件）$=-\dfrac{1}{c^2}\dfrac{\partial^2 \boldsymbol{H}}{\partial t^2}$ となり，$\dfrac{1}{c^2}\dfrac{\partial^2 \boldsymbol{H}}{\partial t^2}-\varDelta\boldsymbol{H}=0$ を得る．すなわち，$\boldsymbol{H}$ は波動方程式の解として得られる．$\boldsymbol{E}$ についても同様である．

練習問題

3.1 (1) ベクトル場 $\boldsymbol{a}=(y, x, 0)$ の流線を求めよ．

(2) ベクトル場 $\boldsymbol{a}=(y, -x-2y, 0)$ の，点 $(1, 3, 0)$ を通る流線を求めよ．

(3) ベクトル場 $\boldsymbol{a}=(x-y-z, -x+y-z, -x-y+z)$ の，点 $(1, 2, 3)$ を通る流線を求めよ．

3.2 次の関数 f の勾配 $\mathrm{grad}\, f$ を求めよ．

(1) $f=\dfrac{x^2}{a^2}+\dfrac{y^2}{b^2}+\dfrac{z^2}{c^2}-1$

(2) $f=e^{ar}$，$r=\sqrt{x^2+y^2+z^2}$

3.3 次のベクトル場 $\boldsymbol{a}$ の回転 $\mathrm{rot}\, \boldsymbol{a}$ と発散 $\mathrm{div}\, \boldsymbol{a}$ を求めよ．

(1) $\boldsymbol{a}=(yz, zx, xy)$

(2) $\boldsymbol{a}=(r^m x, r^m y, r^m z)$，$r=\sqrt{x^2+y^2+z^2}$

3.4 ベクトル場 $\boldsymbol{a}$ に対し，次の(1),(2)を証明せよ．

(1)　$\mathrm{rot}\,\mathrm{rot}\,\boldsymbol{a}=\mathrm{grad}\,\mathrm{div}\,\boldsymbol{a}-\Delta\boldsymbol{a}$

(2)　$\mathrm{rot}\,\mathrm{rot}\,\mathrm{rot}\,\boldsymbol{a}=-\mathrm{rot}\,(\Delta\boldsymbol{a})$

3.5　関数 f, g に対し，ベクトル場 $\boldsymbol{a}=\mathrm{grad}\,f\times\mathrm{grad}\,g$ の発散 $\mathrm{div}\,\boldsymbol{a}$ を求めよ．

3.6　関数 $f(x, y, z)=\dfrac{ax^2+by^2-1}{x^2+y^2}$ $(b>a>0)$ の等位面を求めよ．

3.7　次の関数は調和であることを証明せよ．

(1)　$f(x, y, z)=e^x\sin y$

(2)　$f(x, y, z)=\sin x\sinh y+\cos x\cosh z$

(3)　$f(x, y, z)=\log(x^2+y^2)$

3.8　ベクトル場 $\boldsymbol{h}(u, v)=e^{-\lambda u}\sin\lambda v\boldsymbol{a}+e^{-\lambda u}\cos\lambda v\boldsymbol{b}$ ($\boldsymbol{a}, \boldsymbol{b}$ は定数ベクトル場) は調和であることを示せ．

3.9 (1)　$r=\sqrt{x^2+y^2}$ の関数 $f(r)$ は次の微分方程式

$$\Delta f=f''+f'\frac{1}{r}$$

を満たすことを証明せよ．これを用いて，関数 $f(r)$ が調和であるときの $f(r)$ の形を決定せよ．

(2)　$r=\sqrt{x^2+y^2+z^2}$ の関数 $f(r)$ は次の微分方程式

$$\Delta f=f''+f'\frac{2}{r}$$

を満たすことを証明せよ．これを用いて，関数 $f(r)$ が調和であるときの $f(r)$ の形を決定せよ．

3.10　次のベクトル場 $\boldsymbol{a}$ は $\mathrm{rot}\,\boldsymbol{a}=\boldsymbol{0}$ となることを示し，$\boldsymbol{a}$ のポテンシャル f を求めよ．

(1)　$\boldsymbol{a}=(2x+yz, xz, xy)$

(2)　$\boldsymbol{a}=(y+\sin z, x, x\cos z)$

3.11　次のベクトル場 $\boldsymbol{p}$ は $\mathrm{div}\,\boldsymbol{p}=0$ となることを示し，$\boldsymbol{p}$ のベクトルポテンシャル $\boldsymbol{a}$ を求めよ．

(1)　$\boldsymbol{p}=(y-z, z-x, x-y)$

(2)　$\boldsymbol{p}=(x^2y, 3yz^2-xy^2, -z^3)$

第4章

ベクトル場の積分

われわれは，微分積分学の基本定理と呼ばれている次の積分公式

$$\int_a^b f'(x)dx = f(b) - f(a)$$

を知っている．これから，この定理の一般化を試みよう．それが，この章の目的である Gauss-Green-Stokes の定理であるといえる．

4.1 関数の線積分

4.1.1 定義 $\boldsymbol{R}^3$ の開領域Uで定義された関数fと，U内の曲線C：$\boldsymbol{x}(t)=(x(t), y(t), z(t))$，$a \leqq t \leqq b$ に対し，積分 $\int_C f$（これは仮りの記号である）を

$$\int_C f = \int_a^b f(\boldsymbol{x}(t))\left|\frac{d\boldsymbol{x}(t)}{dt}\right|dt$$

$$= \int_a^b f(x(t), y(t), z(t))\sqrt{\left(\frac{dx}{dt}(t)\right)^2 + \left(\frac{dy}{dt}(t)\right)^2 + \left(\frac{dz}{dt}(t)\right)^2}\,dt$$

で定義し，これを関数fの曲線C上の**線積分**という．

sを曲線Cの弧長 parameter とするとき，$ds = \left|\frac{d\boldsymbol{x}}{dt}(t)\right|dt$ であった(2.4.5)ことを用いると，線積分 $\int_C f$ は

$$\int_a^b f ds \quad \text{または} \quad \int_C f ds$$

とも表示される．

線積分 $\int_C f$ は，曲線Cの向きを変えない parameter の取り方によらない．実際，

$$t=t(\tau),\ \ \alpha\leqq\tau\leqq\beta,\ \ \frac{dt}{d\tau}>0,\ \ t(\alpha)=a,\ \ t(\beta)=b$$

の parameter 変換を行うとき，

$$\begin{aligned}\int_a^b f(\boldsymbol{x}(t))\left|\frac{d\boldsymbol{x}}{dt}(t)\right|dt&=\int_\alpha^\beta f(\boldsymbol{x}(t(\tau)))\left|\frac{d\boldsymbol{x}}{dt}(t(\tau))\right|\frac{dt}{d\tau}d\tau\\&=\int_\alpha^\beta f(\boldsymbol{x}(t(\tau)))\left|\frac{d\boldsymbol{x}}{d\tau}(t(\tau))\right|d\tau\end{aligned}$$

となるからである．同様にして，曲線Cの向きを逆にした曲線 $-C$ 上の線積分 $\int_{-C}f$ は $\int_C f$ と符号が異なる：

$$\int_{-C}f=-\int_C f$$

ことが分かる．関数fが1の値をとる定数関数：$f=1$ ならば，線積分 $\int_C 1=\int_C ds$ は，曲線Cの長さにほかならない．

4.2　ベクトル場の線積分

4.2.1 定義　$\boldsymbol{R}^3$ の開領域Uで定義されたベクトル場 $\boldsymbol{a}=(a_1,a_2,a_3)$ と，U 内の曲線 C：$\boldsymbol{x}(t)=(x(t),y(t),z(t))$, $a\leqq t\leqq b$ に対し，積分 $\int_C\boldsymbol{a}$（これは仮りの記号である）を

$$\int_C\boldsymbol{a}=\int_a^b\left(a_1(\boldsymbol{x}(t))\frac{dx}{dt}(t)+a_2(\boldsymbol{x}(t))\frac{dy}{dt}(t)+a_3(\boldsymbol{x}(t))\frac{dz}{dt}(t)\right)dt$$

で定義し，これをベクトル場 $\boldsymbol{a}$ の曲線C上の**線積分**という．

線積分 $\int_C\boldsymbol{a}$ の被積分関数は，2つのベクトル

$$\boldsymbol{a}(\boldsymbol{x}(t))=(a_1(\boldsymbol{x}(t)),a_2(\boldsymbol{x}(t)),a_3(\boldsymbol{x}(t))),$$
$$\frac{d\boldsymbol{x}}{dt}(t)=\left(\frac{dx}{dt}(t),\frac{dy}{dt}(t),\frac{dz}{dt}(t)\right)$$

の内積であるから，線積分 $\int_C \boldsymbol{a}$ は

$$\int_a^b \boldsymbol{a}\frac{d\boldsymbol{x}}{dt}dt$$

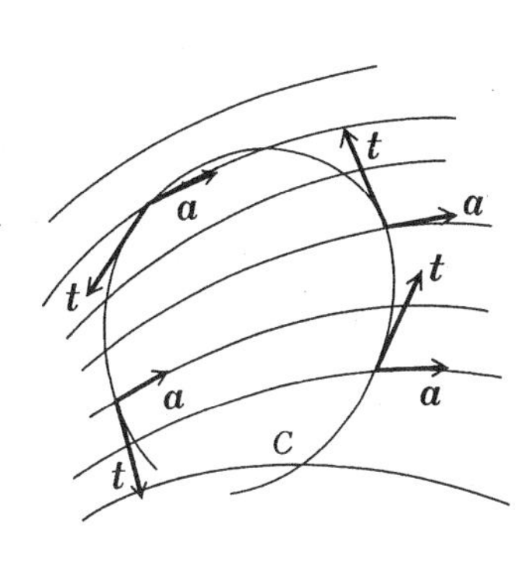

のことであるので $\int_C \boldsymbol{a}d\boldsymbol{x}$ とかくことも多い．さらに，

$$\int_a^b \boldsymbol{a}\frac{d\boldsymbol{x}}{dt}dt=\int_a^b \boldsymbol{a}\left(\frac{d\boldsymbol{x}}{dt}\Big/\left|\frac{d\boldsymbol{x}}{dt}\right|\right)\left|\frac{d\boldsymbol{x}}{dt}\right|dt$$

と変形し，

$$\boldsymbol{t}=\frac{d\boldsymbol{x}}{dt}\Big/\left|\frac{d\boldsymbol{x}}{dt}\right|$$

とおき，$ds=\left|\frac{d\boldsymbol{x}}{dt}\right|dt$ であった(2.4.5)ことを用いると，この線積分は

$$\int_a^b \boldsymbol{at}ds \quad \text{または} \quad \int_C \boldsymbol{at}ds$$

となり，関数 $\boldsymbol{at}$ の曲線C上の線積分とみることができる．したがって，線積分 $\int_C \boldsymbol{a}$ は，曲線Cの向きを変えない parameter の取り方によらず，曲線の向きを変えると，線積分の符号が変わる：

$$\int_{-C}\boldsymbol{a}=-\int_C \boldsymbol{a}$$

ことが分かる．

線積分 $\int_C \boldsymbol{a}$ を次のように理解することもできる．ベクトル場 $\boldsymbol{a}=(a_1, a_2, a_3)$ を1次の微分形式

$$\boldsymbol{a}=a_1dx+a_2dy+a_3dz$$

とみなす．この微分形式 $\boldsymbol{a}$ から，曲線 C：$\boldsymbol{x}(t)$，$a\leqq t\leqq b$ を用いて，区間 $[a, b]$ 上の微分形式 $\boldsymbol{x}^*\boldsymbol{a}$ をつくることを考える．それは

$$\begin{aligned}\boldsymbol{x}^*\boldsymbol{a}&=\boldsymbol{x}^*(a_1dx+a_2dy+a_3dz)\\&=\left(a_1(\boldsymbol{x}(t))\frac{dx}{dt}(t)+a_2(\boldsymbol{x}(t))\frac{dy}{dt}(t)+a_3(\boldsymbol{x}(t))\frac{dz}{dt}(t)\right)dt\end{aligned}$$

で定義される．すなわち，$\boldsymbol{x}^*$ の定義は

$$(\boldsymbol{x}^*a_i(\boldsymbol{x}))(t)=a_i(\boldsymbol{x}(t)),$$

$$\boldsymbol{x}^*dx=\frac{dx}{dt}(t)dt,\quad \boldsymbol{x}^*dy=\frac{dy}{dt}(t)dt,\quad \boldsymbol{x}^*dz=\frac{dz}{dt}(t)dt$$

である．この微分形式 $\boldsymbol{x}^*\boldsymbol{a}$ を微分形式 $\boldsymbol{a}$ の曲線 $C:\boldsymbol{x}(t)$ による**引き戻し**という．さて，線積分 $\int_C \boldsymbol{a}$ は

$$\int_a^b \boldsymbol{x}^*\boldsymbol{a}\quad \text{または}\quad \int_C \boldsymbol{x}^*\boldsymbol{a}$$

がその定義であった．この意味で，線積分 $\int_C \boldsymbol{a}$ は

$$\int_C a_1dx+a_2dy+a_3dz$$

でも表示されている．

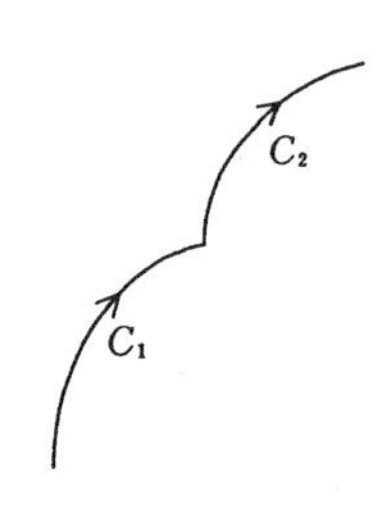

曲線Cが，右図のように，2つの曲線 C_1, C_2 を結合してできているとき，線積分 $\int_C \boldsymbol{a}$ は

$$\int_C \boldsymbol{a}=\int_{C_1}\boldsymbol{a}+\int_{C_2}\boldsymbol{a}$$

で定義する．

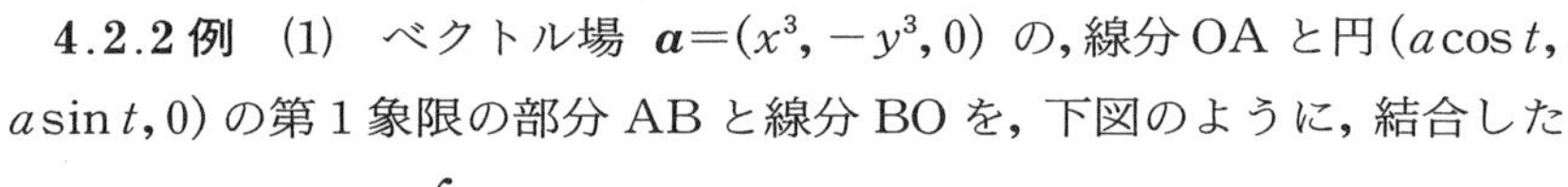

4.2.2 例　(1)　ベクトル場 $\boldsymbol{a}=(x^3, -y^3, 0)$ の，線分 OA と円 $(a\cos t, a\sin t, 0)$ の第1象限の部分 AB と線分 BO を，下図のように，結合した曲線C上の線積分 $\int_C \boldsymbol{a}$ を求めよう．

(i)　曲線 $C_2:\boldsymbol{x}(t)=(a\cos t, a\sin t, 0)$, $0\leqq t\leqq\frac{\pi}{2}$ 上では

$$a(\boldsymbol{x}(t))=(a^3\cos^3 t, -a^3\sin^3 t, 0),$$

$$\frac{d\boldsymbol{x}}{dt}(t)=(-a\sin t, a\cos t, 0)$$

であるから

$$\int_{C_2}\boldsymbol{a}=\int_0^{\frac{\pi}{2}}\boldsymbol{a}\frac{d\boldsymbol{x}}{dt}dt=\int_0^{\frac{\pi}{2}}(-a^4\cos^3 t\sin t-a^4\sin^3 t\cos t)dt$$

$$=-a^4\int_0^{\frac{\pi}{2}}\sin t\cos t dt=-\frac{a^4}{2}\int_0^{\frac{\pi}{2}}\sin 2t dt$$

$$=\frac{a^4}{2}\left[\frac{\cos 2t}{2}\right]_0^{\frac{\pi}{2}}=\frac{a^4}{4}(\cos\pi-\cos 0)=-\frac{a^4}{2}$$

となる．

(ii) 直線 C_1：$\boldsymbol{x}(t)=(t,0,0)$，$0\leqq t\leqq a$ 上では

$$\boldsymbol{a}(\boldsymbol{x}(t))=(t^3,0,0),\quad \frac{d\boldsymbol{x}}{dt}(t)=(1,0,0)$$

であるから

$$\int_{C_1}\boldsymbol{a}=\int_0^a\boldsymbol{a}\frac{d\boldsymbol{x}}{dt}dt=\int_0^a t^3dt=\left[\frac{t^4}{4}\right]_0^a=\frac{a^4}{4}$$

となる．

(iii) 直線 C_3：$\boldsymbol{x}(t)=(0,a-t,0)$，$0\leqq t\leqq a$ 上では

$$\boldsymbol{a}(\boldsymbol{x}(t))=(0,-(a-t)^3,0),\quad \frac{d\boldsymbol{x}}{dt}(t)=(0,-1,0)$$

であるから

$$\int_{C_3}\boldsymbol{a}=\int_0^a\boldsymbol{a}\frac{d\boldsymbol{x}}{dt}dt=\int_0^a(a-t)^3dt=\left[-\frac{(a-t)^4}{4}\right]_0^a=\frac{a^4}{4}$$

となる．よって

$$\int_C\boldsymbol{a}=\int_{C_1}\boldsymbol{a}+\int_{C_2}\boldsymbol{a}+\int_{C_3}\boldsymbol{a}=\frac{a^4}{4}-\frac{a^4}{2}+\frac{a^4}{4}=0$$

となる．

(2) ベクトル場 $\boldsymbol{b}=(-y^3,x^3,0)$ の (1) の曲線 C 上の線積分 $\int_C\boldsymbol{b}$ も求めてみよう．それは，(1)と同様にして

$$\int_{C_2}\boldsymbol{b}=\int_0^{\frac{\pi}{2}}(-a^3\sin^3t,a^3\cos^3t,0)(-a\sin t,a\cos t,0)dt$$

$$=a^4\int_0^{\frac{\pi}{2}}(\sin^4t+\cos^4t)dt=a^4\int_0^{\frac{\pi}{2}}(1-2\sin^2t\cos^2t)dt$$

$$=a^4\int_0^{\frac{\pi}{2}}\left(1-\frac{\sin^2 2t}{2}\right)dt=a^4\int_0^{\frac{\pi}{2}}\left(1-\frac{1-\cos 4t}{4}\right)dt$$

$$=a^4\left[\frac{3}{4}t+\frac{\sin 4t}{16}\right]_0^{\frac{\pi}{2}}=a^4\frac{3}{4}\frac{\pi}{2}=\frac{3}{8}\pi a^4,$$

$$\int_{C_1}\boldsymbol{b}=\int_0^a(0,t^3,0)(1,0,0)dt=\int_0^a 0\,dt=0,$$

$$\int_{C_3}\boldsymbol{b}=\int_0^a(-(a-t)^3, 0, 0)(0, -1, 0)dt=\int_0^a 0dt=0$$

となるので

$$\int_C\boldsymbol{b}=\int_{C_1}\boldsymbol{b}+\int_{C_2}\boldsymbol{b}+\int_{C_3}\boldsymbol{b}=0+\frac{3}{8}\pi a^4+0=\frac{3}{8}\pi a^4$$

となる．

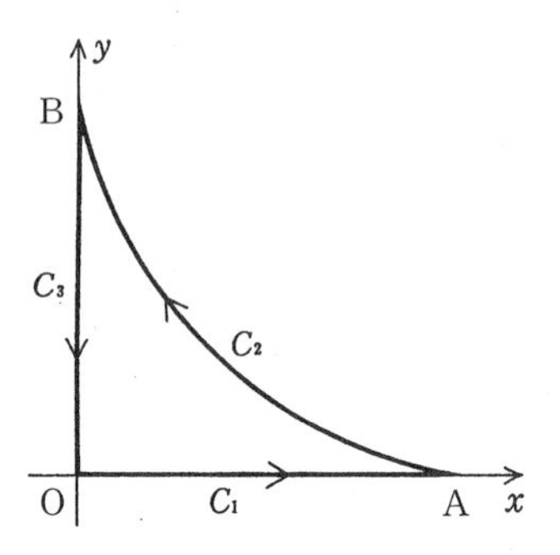

4.2.3 例　ベクトル場 $\boldsymbol{h}=(-y, x, 0)$ の，線分OAと星芒形（asteroid）$(a\cos^3 t, a\sin^3 t, 0)\,(a>0)$ の第1象限の部分ABと線分BOを，右図のように，結合した曲線C上の線積分 $\int_C\boldsymbol{h}$ を求めよう．(1)の計算と同様にして，

$$\int_{C_2}\boldsymbol{h}=\int_0^{\frac{\pi}{2}}(-a\sin^3 t, a\cos^3 t, 0)(-3a\cos^2 t\sin t, 3a\sin^2 t\cos t, 0)dt$$

$$=3a^2\int_0^{\frac{\pi}{2}}(\sin^4 t\cos^2 t+\sin^2 t\cos^4 t)dt=3a^2\int_0^{\frac{\pi}{2}}\sin^2 t\cos^2 tdt$$

$$=3a^2\int_0^{\frac{\pi}{2}}\frac{\sin^2 2t}{4}dt=\frac{3a^2}{4}\int_0^{\frac{\pi}{2}}\frac{1-\cos 4t}{2}dt$$

$$=\frac{3}{8}a^2\left[t-\frac{\sin 4t}{4}\right]_0^{\frac{\pi}{2}}=\frac{3}{8}a^2\frac{\pi}{2}=\frac{3}{16}\pi a^2,$$

$$\int_{C_1}\boldsymbol{h}=\int_0^a(0, t, 0)(1, 0, 0)dt=\int_0^a 0dt=0,$$

$$\int_{C_3}\boldsymbol{h}=\int_0^a(-(a-t), 0, 0)(0, -1, 0)dt=\int_0^a 0dt=0$$

となるので

$$\int_C\boldsymbol{h}=\int_{C_1}\boldsymbol{h}+\int_{C_2}\boldsymbol{h}+\int_{C_3}\boldsymbol{h}=0+\frac{3}{16}\pi a^2+0=\frac{3}{16}\pi a^2$$

となる．

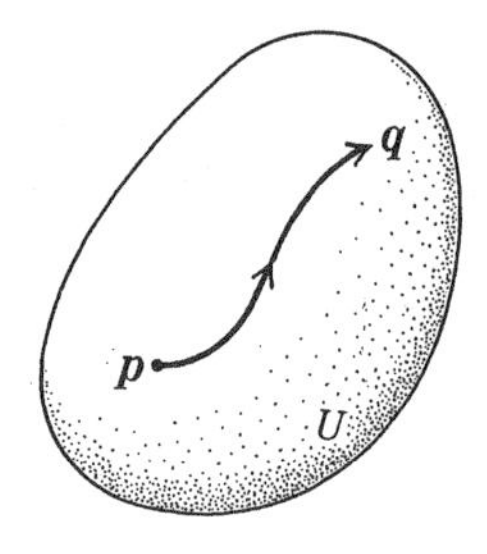

4.2.4 定理　fを$\boldsymbol{R}^3$の開領域Uで定義された関数とし，CをU内の2点$\boldsymbol{p}, \boldsymbol{q}$を$\boldsymbol{p}$から$\boldsymbol{q}$へ結ぶ曲線とするとき，

$$\int_C \operatorname{grad} f = f(\boldsymbol{q}) - f(\boldsymbol{p})$$

が成り立つ．

証明 曲線Cを $\boldsymbol{x}(t)$，$a \leqq t \leqq b$，$\boldsymbol{x}(a) = \boldsymbol{p}$，$\boldsymbol{x}(b) = \boldsymbol{q}$ とするとき，

$$\int_C \operatorname{grad} f = \int_a^b (\operatorname{grad} f)\frac{d\boldsymbol{x}}{dt}dt = \int_a^b \frac{df(\boldsymbol{x}(t))}{dt}dt = [f(\boldsymbol{x}(t))]_a^b$$
$$= f(\boldsymbol{x}(b)) - f(\boldsymbol{x}(a)) = f(\boldsymbol{q}) - f(\boldsymbol{p})$$

となる．

4.2.5 (1) $\boldsymbol{R}^3$ の開領域U内に働く力の場 $\boldsymbol{f}$ の中を，質点 $\boldsymbol{x}$ が曲線Cに沿って動くとき，線積分 $\int_C \boldsymbol{f}$ を，力の場 $\boldsymbol{f}$ が質点 $\boldsymbol{x}$ に対してした**仕事量**という．(直観的には，質点 $\boldsymbol{x}$ が曲線Cの接ベクトル方向に微小 $\boldsymbol{t}ds$ 動くとき，力 $\boldsymbol{f}$ が $\boldsymbol{x}$ に対する仕事量は $\boldsymbol{f}\boldsymbol{t}ds$ である(1.2.7)が，この総和 $\int_C \boldsymbol{f}\boldsymbol{t}ds$ が仕事量 $\int_C \boldsymbol{f}$ である)．

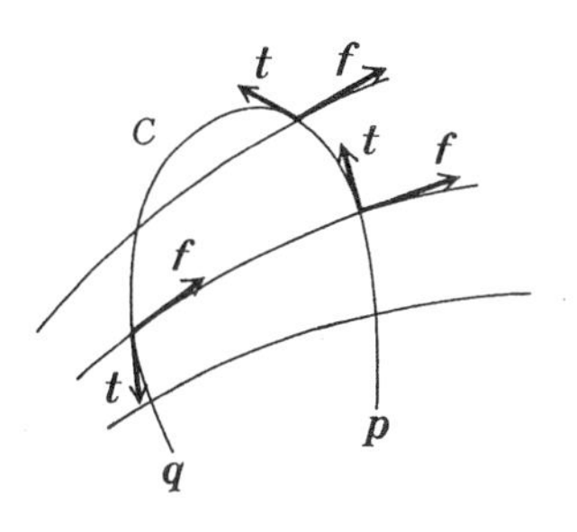

(2) 力の場 $\boldsymbol{f}$ がポテンシャル u をもつ保存力場：$\boldsymbol{f} = -\operatorname{grad} u$ ならば，この力の場 $\boldsymbol{f}$ の中を，質点 $\boldsymbol{x}$ が点 $\boldsymbol{p}$ から点 $\boldsymbol{q}$ まで曲線C上を動くとき，定理4.2.4より

$$\int_C \boldsymbol{f} = u(\boldsymbol{p}) - u(\boldsymbol{q})$$

となる．これは，保存力場 $\boldsymbol{f}$ の仕事量は，始点 $\boldsymbol{p}$ と終点 $\boldsymbol{q}$ のみに関係し，$\boldsymbol{p}$ と $\boldsymbol{q}$ を結ぶ曲線に関係しないことを示している．

4.2.6 例 $\boldsymbol{R}^3$ の領域次第で，$\operatorname{rot}\boldsymbol{a} = \boldsymbol{0}$ であっても $\boldsymbol{a} = \operatorname{grad} f$ とならないベクトル場 $\boldsymbol{a}$ の例を挙げよう(3.5.5)．空間 $\boldsymbol{R}^3$ から z 軸を除いた $\boldsymbol{R}^3$ の開領域 $U = \{(x, y, z) \in \boldsymbol{R}^3 \mid x = y = 0 \text{ でない}\}$ で定義されたベクトル場

$$\boldsymbol{h}=(h_1, h_2, 0)=\left(-\frac{y}{x^2+y^2}, \frac{x}{x^2+y^2}, 0\right)=\frac{1}{\rho^2}(-y, x, 0)$$

(例 1.3.10) を考えよう．　$\mathrm{rot}\,\boldsymbol{h}=\boldsymbol{0}$ である．実際，

$$\mathrm{rot}\,\boldsymbol{h}=\left(0, 0, \frac{\partial h_2}{\partial x}-\frac{\partial h_1}{\partial y}\right)=\left(0, 0, \frac{-x^2+y^2}{\rho^4}-\frac{-x^2+y^2}{\rho^4}\right)=\boldsymbol{0}$$

となるからである．次に，ベクトル場 $\boldsymbol{h}$ の曲線 C : $\boldsymbol{x}(t)=(\cos t, \sin t, 0)$, $0 \leqq t \leqq 2\pi$ 上の線積分 $\int_C \boldsymbol{h}$ を求めてみよう．$\boldsymbol{h}(\boldsymbol{x}(t))=(-\sin t, \cos t, 0)$, $\dfrac{d\boldsymbol{x}}{dt}(t)=(-\sin t, \cos t, 0)$ であるから

$$\int_C \boldsymbol{h}=\int_0^{2\pi} \boldsymbol{h}\frac{d\boldsymbol{x}}{dt}dt=\int_0^{2\pi}(\sin^2 t+\cos^2 t)dt=\int_0^{2\pi} dt=2\pi \neq 0$$

となる．さて，もし $\boldsymbol{h}$ がある関数 f を用いて $\boldsymbol{h}=\mathrm{grad}\,f$ となるならば，

$$\int_C \boldsymbol{h}=\int_C \mathrm{grad}\,f=f(\boldsymbol{x}(2\pi))-f(\boldsymbol{x}(0))\ (\text{定理 } 4.2.4)=0$$

となり，上記に矛盾する．よって，この $\boldsymbol{h}$ は $\mathrm{rot}\,\boldsymbol{h}=\boldsymbol{0}$ であっても，$\boldsymbol{h}=\mathrm{grad}\,f$ と表すことができない．一見，このベクトル場 $\boldsymbol{h}$ は，関数

$$f=\tan^{-1}\frac{y}{x}$$

を用いると

$$\mathrm{grad}\,f=\left(\frac{-y/x^2}{1+y^2/x^2}, \frac{1/x}{1+y^2/x^2}, 0\right)$$
$$=\frac{1}{x^2+y^2}(-y, x, 0)=\frac{1}{\rho^2}(-y, x, 0)=\boldsymbol{h}$$

と表せるように思えるが，$\tan^{-1}\dfrac{y}{x}$ は多価関数である．多価関数にまで広げると，ベクトル場 $\boldsymbol{h}$ は領域 U でポテンシャルをもつといえるが，われわれはこの立場をとらない．

4.3　関数の面積分

4.3.1 定義　$\boldsymbol{R}^3$ の開領域 U で定義された関数 f と，U 内の曲面 S : $\boldsymbol{x}(u, v)=(x(u, v), y(u, v), z(u, v))$, $(u, v)\in D$ (D は $\boldsymbol{R}^2$ の有界な閉領

域)に対し，積分 $\int_S f$ (これは仮りの記号である)を

$$\int_S f = \iint_D f(\boldsymbol{x}(u, v))\left|\frac{\partial \boldsymbol{x}}{\partial u}(u, v)\times\frac{\partial \boldsymbol{x}}{\partial v}(u, v)\right|dudv$$

で定義し，これを関数 f の曲面 S 上の**面積分**という．

曲面 S の面積を S とするとき，$dS=\left|\frac{\partial \boldsymbol{x}}{\partial u}\times\frac{\partial \boldsymbol{x}}{\partial v}\right|dudv$ であった(2.9.1)ことを用いると，面積分 $\int_S f$ は

$$\iint_D fdS \quad \text{または} \quad \iint_S fdS$$

とも表示される．

面積分 $\int_S f$ は，曲面の parameter の取り方によらない．実際，

$$\begin{matrix} u=u(\sigma, \tau) \\ v=v(\sigma, \tau) \end{matrix}, \quad \begin{vmatrix} \frac{\partial u}{\partial \sigma} & \frac{\partial u}{\partial \tau} \\ \frac{\partial v}{\partial \sigma} & \frac{\partial v}{\partial \tau} \end{vmatrix} \neq 0, \quad (\sigma, \tau)\in E$$

の parameter 変換で $\boldsymbol{R}^2$ の閉領域 E が閉領域 D に移るとき

$$\left(dudv=\left(\frac{\partial u}{\partial \sigma}d\sigma+\frac{\partial u}{\partial \tau}d\tau\right)\wedge\left(\frac{\partial v}{\partial \sigma}d\sigma+\frac{\partial v}{\partial \tau}d\tau\right)\right.$$

$$\left.=\begin{vmatrix} \frac{\partial u}{\partial \sigma} & \frac{\partial u}{\partial \tau} \\ \frac{\partial v}{\partial \sigma} & \frac{\partial v}{\partial \tau} \end{vmatrix} d\sigma d\tau \quad \text{に注意すると}\right)$$

$$\iint_D f\left|\frac{\partial \boldsymbol{x}}{\partial u}\times\frac{\partial \boldsymbol{x}}{\partial v}\right|dudv=\iint_E f\left|\frac{\partial \boldsymbol{x}}{\partial u}\times\frac{\partial \boldsymbol{x}}{\partial v}\right|\left|\begin{vmatrix} \frac{\partial u}{\partial \sigma} & \frac{\partial u}{\partial \tau} \\ \frac{\partial v}{\partial \sigma} & \frac{\partial v}{\partial \tau} \end{vmatrix}\right|d\sigma d\tau$$

$$=\iint_E f\left|\frac{\partial \boldsymbol{x}}{\partial \sigma}\times\frac{\partial \boldsymbol{x}}{\partial \tau}\right|d\sigma d\tau$$

となるからである．関数 f が 1 の値をとる定数関数：$f=1$ ならば，面積分 $\int_S 1=\int_S dS$ は，曲面 S の面積にほかならない．

4.3.2 曲面 S が，右図のように，2 つの曲面 S_1, S_2 を結合してできて

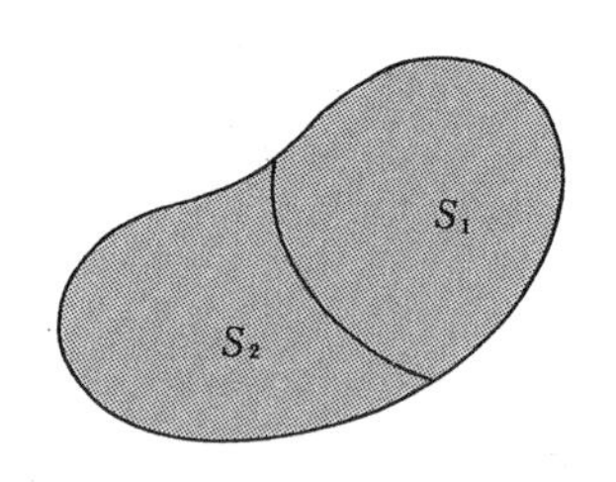

いるとき，関数fの面積分$\int_S f$を

$$\int_S f=\int_{S_1} f+\int_{S_2} f$$

で定義する．

4.4　ベクトル場の面積分

4.4.1 定義　$\boldsymbol{R}^3$の開領域Uで定義されたベクトル場$\boldsymbol{p}=(p_1, p_2, p_3)$と$U$内の向き付けられた曲面$S$：$\boldsymbol{x}(u, v)=(x(u, v), y(u, v), z(u, v))$, $(u, v)\in D$（Dは$\boldsymbol{R}^2$の有界な閉領域であるとし，また，法線ベクトル$\dfrac{\partial \boldsymbol{x}}{\partial u}\times\dfrac{\partial \boldsymbol{x}}{\partial v}$が曲面$S$の正の向きを与えているとする(2.10.1)）に対し，積分$\int_S \boldsymbol{p}$（または$\iint_S \boldsymbol{p}$とかくが，これらはいずれも仮りの記号である）を

$$\int_S \boldsymbol{p}=\iint_D\left(p_1\left(\frac{\partial y}{\partial u}\frac{\partial z}{\partial v}-\frac{\partial z}{\partial u}\frac{\partial y}{\partial v}\right)+p_2\left(\frac{\partial z}{\partial u}\frac{\partial x}{\partial v}-\frac{\partial x}{\partial u}\frac{\partial z}{\partial v}\right)\right.$$
$$\left.+p_3\left(\frac{\partial x}{\partial u}\frac{\partial y}{\partial v}-\frac{\partial y}{\partial u}\frac{\partial x}{\partial v}\right)\right)dudv$$

で定義し，これをベクトル場$\boldsymbol{p}$の曲面S上の**面積分**という．

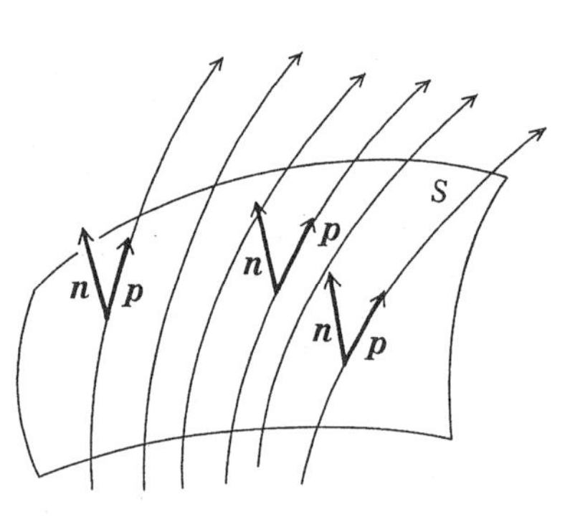

面積分$\int_S \boldsymbol{p}$の被積分関数は，2つのベクトル$\boldsymbol{p}$と$\dfrac{\partial \boldsymbol{x}}{\partial u}\times\dfrac{\partial \boldsymbol{x}}{\partial v}$の内積であるから，面積分$\int_S \boldsymbol{p}$は

$$\iint_D \boldsymbol{p}\left(\frac{\partial \boldsymbol{x}}{\partial u}\times\frac{\partial \boldsymbol{x}}{\partial v}\right)dudv$$

のことである．さらに，

$$\iint_D \boldsymbol{p}\left(\frac{\partial \boldsymbol{x}}{\partial u}\times\frac{\partial \boldsymbol{x}}{\partial v}\right)dudv$$
$$=\iint_D\left(\boldsymbol{p}\left(\frac{\partial \boldsymbol{x}}{\partial u}\times\frac{\partial \boldsymbol{x}}{\partial v}\right)\Big/\left|\frac{\partial \boldsymbol{x}}{\partial u}\times\frac{\partial \boldsymbol{x}}{\partial v}\right|\right)\left|\frac{\partial \boldsymbol{x}}{\partial u}\times\frac{\partial \boldsymbol{x}}{\partial v}\right|dudv$$

と変形し，

$$\boldsymbol{n}=\left(\frac{\partial \boldsymbol{x}}{\partial u}\times\frac{\partial \boldsymbol{x}}{\partial v}\right)\Big/\left|\frac{\partial \boldsymbol{x}}{\partial u}\times\frac{\partial \boldsymbol{x}}{\partial v}\right|$$

とおき，$dS=\left|\frac{\partial \boldsymbol{x}}{\partial u}\times\frac{\partial \boldsymbol{x}}{\partial v}\right|dudv$ であった(2.9.1)ことを用いると，この面積分は

$$\iint_D \boldsymbol{pn}dS \quad \text{または} \quad \iint_S \boldsymbol{pn}dS$$

となり，関数 $\boldsymbol{pn}$ の曲面 S 上の面積分とみることができる．したがって，面積分 $\int_S \boldsymbol{p}$ は，曲面 S の向きを変えない parameter の取り方によらず，曲面の向きを変えると，面積分の符号が変わる：

$$\int_{-S}\boldsymbol{p}=-\int_S \boldsymbol{p}$$

ことが分かる．

面積分 $\int_S \boldsymbol{p}$ を次のように理解することもできる．ベクトル場 $\boldsymbol{p}=(p_1, p_2, p_3)$ を2次の微分形式

$$\boldsymbol{p}=p_1 dydz+p_2 dzdx+p_3 dxdy$$

とみなす．この微分形式 $\boldsymbol{p}$ から，曲面 $S：\boldsymbol{x}(u, v), (u, v)\in D$ を用いて，領域 D 上の微分形式 $\boldsymbol{x}^*\boldsymbol{p}$ をつくることを考える．すなわち，

$$\boldsymbol{x}^*\boldsymbol{p}=\boldsymbol{x}^*p_1\boldsymbol{x}^*(dydz)+\boldsymbol{x}^*p_2\boldsymbol{x}^*(dzdx)+\boldsymbol{x}^*p_3\boldsymbol{x}^*(dxdy)$$

と定義する．ただし，$\boldsymbol{x}^*p_1$，$\boldsymbol{x}^*(dydx)$ 等の定義は

$$(\boldsymbol{x}^*p_1)(u, v)=p_1(x(u, v), y(u, v), z(u, v))$$

$$\begin{aligned}\boldsymbol{x}^*(dydz)&=\boldsymbol{x}^*dy\wedge\boldsymbol{x}^*dz\\&=\left(\frac{\partial y}{\partial u}du+\frac{\partial y}{\partial v}dv\right)\wedge\left(\frac{\partial z}{\partial u}du+\frac{\partial z}{\partial v}dv\right)\\&=\left(\frac{\partial y}{\partial u}\frac{\partial z}{\partial v}-\frac{\partial z}{\partial u}\frac{\partial y}{\partial v}\right)dudv\end{aligned}$$

等である．この微分形式 $\boldsymbol{x}^*\boldsymbol{p}$ を微分形式 $\boldsymbol{p}$ の曲面 $S：\boldsymbol{x}(u, v)$ による**引き戻し**という．さて，面積分 $\int_S \boldsymbol{p}$ は

$$\iint_D \boldsymbol{x}^*\boldsymbol{p}$$

がその定義であった．この意味で，面積分 $\int_S \boldsymbol{p}$ は

$$\iint_S p_1 dydz + p_2 dzdx + p_3 dxdy$$

でも表示されている．

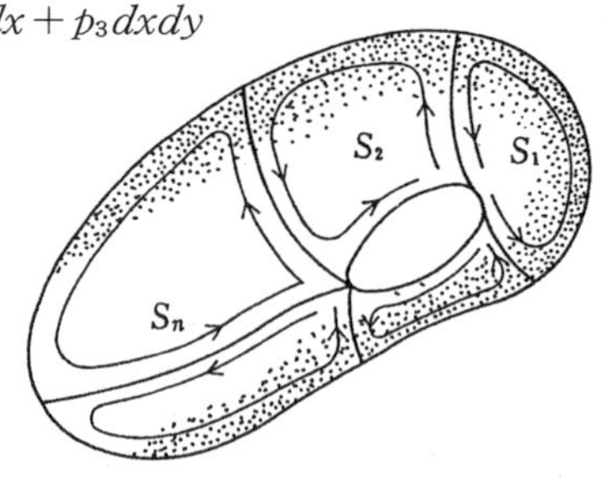

S が向き付け可能な曲面であるときには，S を向きのついた parameter 表示された小曲面 S_i, $i=1, \cdots, n$ に分割し，その結合部分で向きが逆になっている(すなわち，隣り合う小曲面の向きが同じである)ようにし，ベクトル場 $\boldsymbol{p}$ の S 上での面積分 $\int_S \boldsymbol{p}$ を

$$\int_S \boldsymbol{p} = \int_{S_1} \boldsymbol{p} + \cdots + \int_{S_n} \boldsymbol{p}$$

で定義する．このためには，この面積分の定義が，S の分割によらないことを証明しなければならない．それは，2 組の分割 S_i, $i=1, \cdots, n$；S_j', $j=1, \cdots, n'$ の共通の小分割をとって証明するのであるが，詳細は省略する．なお，面積分の値は，その符号が曲面 S の向き付けに依存している．

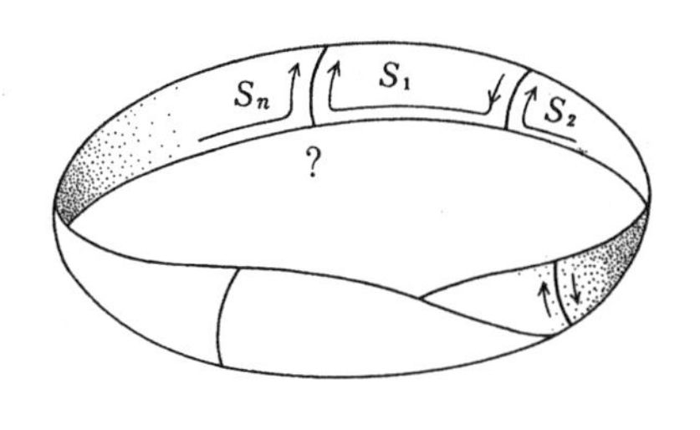

S が Möbius の帯のような向き付け不可能な曲面であるときには，S をどのように小曲面 S_i に分割しても，ある箇所で，隣り合う小曲面の向きが逆になってしまうので，このような曲面 S 上では面積分 $\int_S \boldsymbol{p}$ は定義されない．

4.4.2 注意　微分形式を用いる面積分 $\int_S \boldsymbol{p}$ の計算において，$\boldsymbol{x}^*(dydz)$ 等に現れる $dudv$ と，積分 $\iint_D \boldsymbol{p}\left(\frac{\partial \boldsymbol{x}}{\partial u} \times \frac{\partial \boldsymbol{x}}{\partial v}\right) dudv$ の中にある $dudv$ とは異なるものである．前者の $dudv$ は du と dv の外積 $du \wedge dv$ の省略記号であるから，$dudv = -dvdu$ の関係がある．(u, v の順序の取り方で符号

が変わることは，曲面の向き付けと関係がある)．一方，積分の中にある $dudv$ は，外積 $du \wedge dv$ の長さ：

$$dudv = |du \wedge dv|$$

の省略記号であって，これは，du，dv を2辺とする平行4辺形の面積を表している(定理 1.4.4)．したがって，$dudv = dvdu$ の関係がある．なお，面積素 $dS = \sqrt{EG - F^2}\, dudv$ の $dudv$ は後者の意味である．

4.4.3　ベクトル場 $\boldsymbol{p}$ の面積分 $\int_S \boldsymbol{p}$ の直観的な意味を書いてみよう．

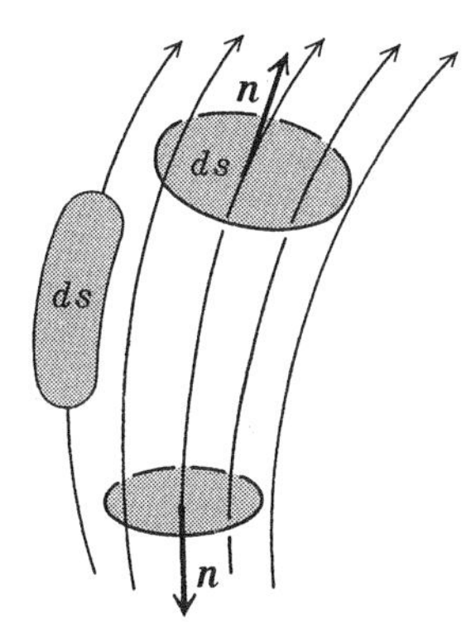

ベクトル場 $\boldsymbol{p}$ の流線を考え，この流線の中に微小曲面 dS を置き，単位時間にどれだけ流線が通過するかを求めてみよう．まず，曲面 dS が流線に平行であるときには，dS を通過する流線の量は0である．次に，曲面 dS が流線に直交しているときには，流線の通過量は pdS である．ここに，p はベクトル $\boldsymbol{p}$ の大きさであるが，dS には法線ベクトルの方向に従って符号がついている．一般に，曲面 dS が流線に斜めの位置にあるときは，その通過量は，流線に直交する曲面への正射影を通過する量と同じである．この正射影の面積（ただし符号付きである)は，dS の法線単位ベクトル $\boldsymbol{n}$ と流線 $\boldsymbol{p}$ のなす角を θ とすると，$\cos\theta dS$ となるので，流線の通過量は

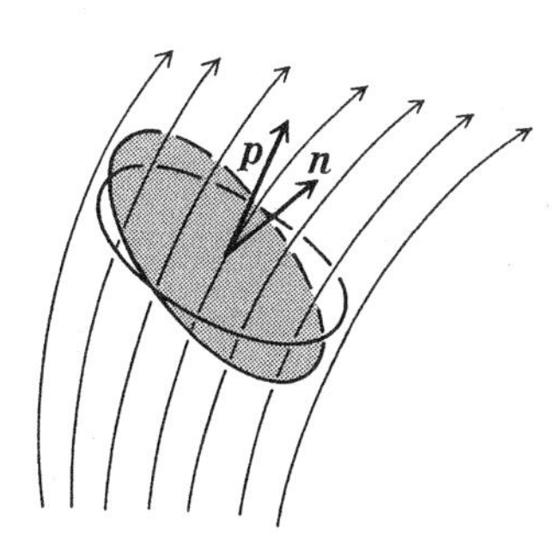

$$p\cos\theta dS = \boldsymbol{pn}dS$$

となる．この $\boldsymbol{pn}dS$ の総和 $\iint_S \boldsymbol{pn}dS$ が全曲面 S を通過する流線の量であり，これが面積分 $\int_S \boldsymbol{p}$ である．

4.4.4 例　(1)　$\boldsymbol{E}$ を空間 $\boldsymbol{R}^3$ の電気場とするとき，曲面 S を通る**電気**

力束を，面積分 $\int_S \boldsymbol{E}$ で定義する．

(2)　空間 $\boldsymbol{R}^3$ 内の流体の速度ベクトルを $\boldsymbol{v}$ とするとき，曲面 S を通る**流出量**を，面積分 $\int_S \boldsymbol{v}$ で定義する．

4.4.5 例　空間 $\boldsymbol{R}^3$ のベクトル場 $\boldsymbol{p}=(x, y, z)$ の球面

$$S: x(u, v)=(a\sin u\cos v, a\sin u\sin v, a\cos u),\ (u, v)\in D,$$

$D=\{(u, v)\in\boldsymbol{R}^2 \mid 0\leqq u\leqq\pi, 0\leqq v\leqq 2\pi\}$ 上の面積分 $\int_S \boldsymbol{p}$ を求めよう．

$$\boldsymbol{p}(\boldsymbol{x}(u, v))=(a\sin u\cos v, a\sin u\sin v, a\cos u),$$

$$\begin{cases} \dfrac{\partial \boldsymbol{x}}{\partial u}=(a\cos u\cos v, a\cos u\sin v, -a\sin u) \\ \dfrac{\partial \boldsymbol{x}}{\partial v}=(-a\sin u\sin v, a\sin u\cos v, 0) \end{cases}$$

より

$$\frac{\partial \boldsymbol{x}}{\partial u}\times\frac{\partial \boldsymbol{x}}{\partial v}=(a^2\sin^2 u\cos v, a^2\sin^2 u\sin v, a^2\sin u\cos u)$$

である（この方向は球面 S の外側に向いている（2.12.1参照））から

$$\begin{aligned} \int_S \boldsymbol{p} &= \iint_D \boldsymbol{p}\left(\frac{\partial \boldsymbol{x}}{\partial u}\times\frac{\partial \boldsymbol{x}}{\partial v}\right)dudv \\ &= \iint_D (a^3\sin^3 u\cos^2 v + a^3\sin^3 u\sin^2 v + a^3\sin u\cos^2 u)dudv \\ &= a^3\iint_D \sin u\,dudv = a^3\int_0^{2\pi} dv\int_0^{\pi}\sin u\,du \\ &= a^3 2\pi[-\cos u]_0^{\pi} = 4\pi a^3 \end{aligned}$$

となる．

4.4.6 定理（Stokesの定理）　$\boldsymbol{a}$ を $\boldsymbol{R}^3$ の開領域 U で定義されたベクトル場とし，S を曲線 C を境界にもつ U 内の向き付けられた曲面とする．このとき

$$\int_C \boldsymbol{a}\boldsymbol{t}ds = \iint_S (\mathrm{rot}\,\boldsymbol{a})\boldsymbol{n}dS$$

が成り立つ．ただし，曲線 C の向きは，曲

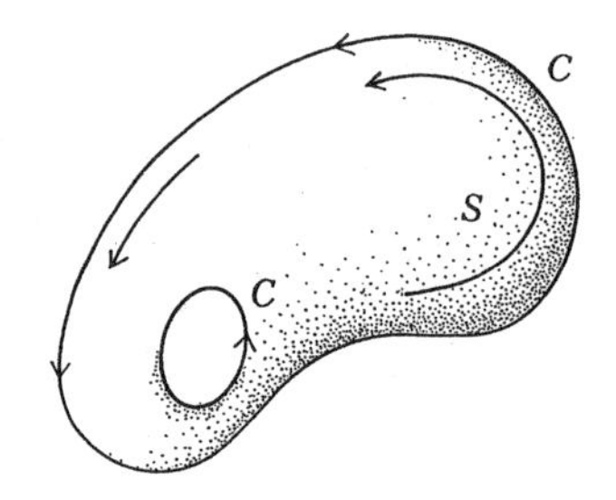

面Sの向きから導かれたものとする.

ベクトル場$\boldsymbol{a}$を1次の微分形式とみなし, 曲線Cを∂Sで表すと, Stokesの定理は

$$\int_{\partial S} \boldsymbol{a} = \iint_S d\boldsymbol{a}$$

と表すことができる. これを具体的に書くと, $\boldsymbol{a} = a_1 dx + a_2 dy + a_3 dz$ であるとしたとき

$$\int_{\partial S} a_1 dx + a_2 dy + a_3 dz$$
$$= \iint_S \left(\frac{\partial a_3}{\partial y} - \frac{\partial a_2}{\partial z}\right) dydz + \left(\frac{\partial a_1}{\partial z} - \frac{\partial a_3}{\partial x}\right) dzdx + \left(\frac{\partial a_2}{\partial x} - \frac{\partial a_1}{\partial y}\right) dxdy$$

となる.

証明　曲面を右図のように小曲面に分割し, その各小曲面Sの上で定理を証明すればよい. いま, その曲面Sが

$$\boldsymbol{x}(u, v) = (x(u, v), y(u, v), z(u, v)),$$
$$(u, v) \in I^2,$$
$$I^2 = \{(u, v) \in \boldsymbol{R}^2 \mid 0 \leqq u \leqq 1, 0 \leqq v \leqq 1\}$$

とparameter表示されているとしてお

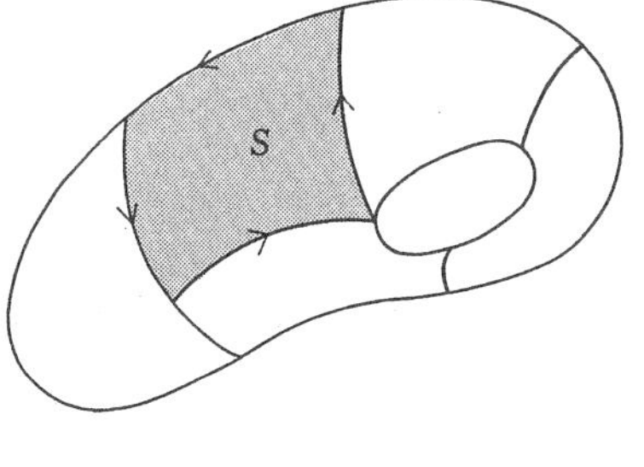

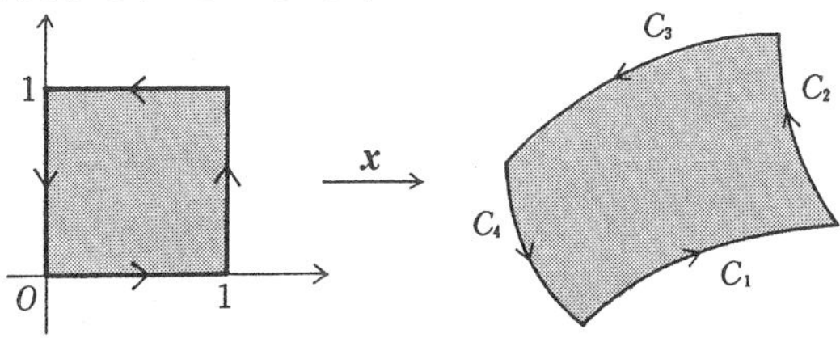

く(2.7.5). さらに, $a_2 = a_3 = 0$ (a_1をaと書く) のとき, すなわち,

$$\int_{\partial S} a dx = \iint_S \frac{\partial a}{\partial z} dzdx - \frac{\partial a}{\partial y} dxdy$$

を証明すれば十分である. さて

$$\iint_S \frac{\partial a}{\partial z} dzdx - \frac{\partial a}{\partial y} dxdy$$

$$=\iint_{I^2}\left(\frac{\partial a}{\partial z}\left(\frac{\partial z}{\partial u}\frac{\partial x}{\partial v}-\frac{\partial x}{\partial u}\frac{\partial z}{\partial v}\right)-\frac{\partial a}{\partial y}\left(\frac{\partial x}{\partial u}\frac{\partial y}{\partial v}-\frac{\partial y}{\partial u}\frac{\partial x}{\partial v}\right)\right)dudv$$

$$\left(\frac{\partial}{\partial u}\left(a\frac{\partial x}{\partial v}\right)=\frac{\partial a}{\partial u}\frac{\partial x}{\partial v}+a\frac{\partial^2 x}{\partial u\partial v}\right.$$

$$=\left(\frac{\partial a}{\partial x}\frac{\partial x}{\partial u}+\frac{\partial a}{\partial y}\frac{\partial y}{\partial u}+\frac{\partial a}{\partial z}\frac{\partial z}{\partial u}\right)\frac{\partial x}{\partial v}+a\frac{\partial^2 x}{\partial u\partial v},$$

$$\frac{\partial}{\partial v}\left(a\frac{\partial x}{\partial u}\right)=\frac{\partial a}{\partial v}\frac{\partial x}{\partial u}+a\frac{\partial^2 x}{\partial v\partial u}$$

$$=\left(\frac{\partial a}{\partial x}\frac{\partial x}{\partial v}+\frac{\partial a}{\partial y}\frac{\partial y}{\partial v}+\frac{\partial a}{\partial z}\frac{\partial z}{\partial v}\right)\frac{\partial x}{\partial u}+a\frac{\partial^2 x}{\partial v\partial u}$$

より

$$\frac{\partial}{\partial u}\left(a\frac{\partial x}{\partial v}\right)-\frac{\partial}{\partial v}\left(a\frac{\partial x}{\partial u}\right)$$

$$=\frac{\partial a}{\partial z}\left(\frac{\partial z}{\partial u}\frac{\partial x}{\partial v}-\frac{\partial x}{\partial u}\frac{\partial z}{\partial v}\right)-\frac{\partial a}{\partial y}\left(\frac{\partial x}{\partial u}\frac{\partial y}{\partial v}-\frac{\partial y}{\partial u}\frac{\partial x}{\partial v}\right)$$

となるので$\Big)$

$$=\int_0^1\int_0^1\left(\frac{\partial}{\partial u}\left(a\frac{\partial x}{\partial v}\right)-\frac{\partial}{\partial v}\left(a\frac{\partial x}{\partial u}\right)\right)dudv$$

$$=\int_0^1\left[a\frac{\partial x}{\partial v}\right]_0^1dv-\int_0^1\left[a\frac{\partial x}{\partial u}\right]_0^1du$$

$$=\int_0^1 a(\boldsymbol{x}(1,v))\frac{\partial x}{\partial v}(1,v)dv-\int_0^1 a(\boldsymbol{x}(0,v))\frac{\partial x}{\partial v}(0,v)dv$$

$$-\int_0^1 a(\boldsymbol{x}(u,1))\frac{\partial x}{\partial u}(u,1)du+\int_0^1 a(\boldsymbol{x}(u,0))\frac{\partial x}{\partial u}(u,0)du$$

となる．一方，$\boldsymbol{a}=(a,0,0)$ とおけば

$$\int_{\partial S}adx=\int_{\partial S}\boldsymbol{a}=\int_{C_1}\boldsymbol{a}+\int_{C_2}\boldsymbol{a}+\int_{C_3}\boldsymbol{a}+\int_{C_4}\boldsymbol{a}$$

である．曲線 C_1 は，$\boldsymbol{x}(u,0)$，$0\leqq u\leqq 1$ で parameter 表示されているから

$$\int_{C_1}\boldsymbol{a}=\int_0^1\boldsymbol{x}^*\boldsymbol{a}=\int_0^1 a(\boldsymbol{x}(u,0))\frac{\partial x}{\partial u}(u,0)du$$

であり，C_2 は $\boldsymbol{x}(1,v)$，$0\leqq v\leqq 1$ で parameter 表示されているから

$$\int_{C_2}\boldsymbol{a}=\int_0^1\boldsymbol{x}^*\boldsymbol{a}=\int_0^1 a(\boldsymbol{x}(1,v))\frac{\partial x}{\partial v}(1,v)dv$$

であり，C_3 は曲線 $\boldsymbol{x}(u,1)$，$0\leqq u\leqq 1$ と向きが逆であるから

$$\int_{C_3}\boldsymbol{a}=\int_0^1\boldsymbol{x}^*\boldsymbol{a}=-\int_0^1 a(\boldsymbol{x}(u,1))\frac{\partial x}{\partial u}(u,1)du$$

であり，C_4 は曲線 $\boldsymbol{x}(0,v)$，$0\leqq v\leqq 1$ と向きが逆であるから

$$\int_{C_4}\boldsymbol{a}=\int_0^1\boldsymbol{x}^*\boldsymbol{a}=-\int_0^1 a(\boldsymbol{x}(0,v))\frac{\partial x}{\partial v}(0,v)dv$$

である．以上で，定理が証明された．

4.4.7 例 C を向き付け可能な曲面 S を囲む閉曲線とするとき，ベクトル場 $\boldsymbol{a}=(x,y,z)$ の C 上の線積分は 0 である．すなわち

$$\int_C xdx+ydy+zdz=0$$

が成り立つ．実際，$\boldsymbol{a}=xdx+ydy+zdz$ とおくと，$d\boldsymbol{a}=0$ となるから，Stokes の定理(4.4.6)を用いて

$$\int_C\boldsymbol{a}=\iint_S d\boldsymbol{a}=\iint_S 0=0$$

を得る．

4.4.8 定理（Green の定理） a_1, a_2 を平面 $\boldsymbol{R}^2$ の開領域 U で定義された関数とし，S を曲線 C を境界にもつ U 内の曲面とする．このとき

$$\int_C a_1dx+a_2dy=\iint_S\left(\frac{\partial a_2}{\partial x}-\frac{\partial a_1}{\partial y}\right)dxdy$$

が成り立つ．ただし，曲線 C の向きは，曲面 S から導かれたものとする．

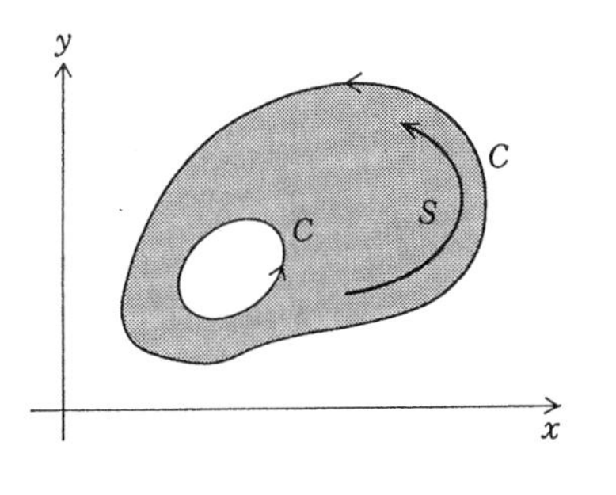

証明 Stokes の定理 (4.4.6) において，$a_3=0$ とおけばよい．なお，関数 a_1, a_2 は変数 z を含まないから，$\dfrac{\partial a_1}{\partial z}=\dfrac{\partial a_2}{\partial z}=0$ である．

4.4.9 例 (1) ベクトル場 $\boldsymbol{a}=(x^3,-y^3,0)$ の，次頁の右図のような，x 軸，y 軸，円の一部からなる曲線 C 上の線積分 $\int_C\boldsymbol{a}$ を Green の定理 (4.4.8)を用いて求めてみよう．（これは，例 4.2.2(1) の別証明である）．

曲線Cが囲む曲面をSとして，Green の定理(4.4.8) において，$a_1=x^3$，$a_2=-y^3$ とすれば

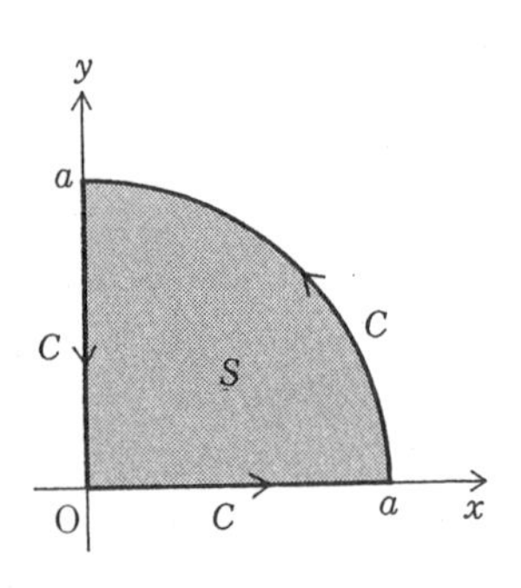

$$\int_C \boldsymbol{a}=\int_C x^3dx-y^3dy$$
$$=\iint_S\left(-\frac{\partial y^3}{\partial x}-\frac{\partial x^3}{\partial y}\right)dxdy$$
$$=\iint_S 0dxdy=0$$

となる．

(2)　ベクトル場 $\boldsymbol{b}=(-y^3, x^3, 0)$ の(1)の曲線C上の線積分 $\int_C \boldsymbol{b}$ を Green の定理(4.4.8)を用いて求めてみよう．(これは，例 4.2.2 (2) の別証明である)．S は(1)と同じとして

$$\int_C \boldsymbol{b}=\int_C -y^3dx+x^3dy=\iint_S(3x^2+3y^2)dxdy$$

(極座標 $x=r\cos\theta, y=r\sin\theta, 0\leqq r\leqq a, 0\leqq\theta\leqq\frac{\pi}{2}$ を用いると，$dxdy=(\cos\theta dr-r\sin\theta d\theta)\wedge(\sin\theta dr+r\cos\theta d\theta)=r(\cos^2\theta+\sin^2\theta)drd\theta=rdrd\theta$ となる(これは既に例 2.9.3 で用いている)ので)

$$=3\int_0^a\int_0^{\frac{\pi}{2}}r^2rdrd\theta=3\frac{\pi}{2}\int_0^a r^3dr$$
$$=\frac{3}{2}\pi\left[\frac{r^4}{4}\right]_0^a=\frac{3}{8}\pi a^4$$

となる．

4.4.10 命題　Sを平面$\boldsymbol{R}^2$の閉曲線Cで囲まれた$\boldsymbol{R}^2$内の曲面とするとき，曲面Sの面積Sは

$$S=\frac{1}{2}\int_C -ydx+xdy$$

で与えられる．ただし，Cの方向は，右図のように，左回りにつけることにする．

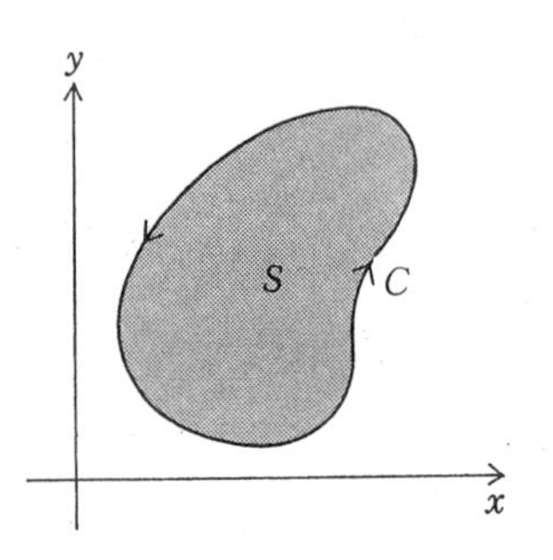

証明　Green の定理(4.4.8)を用いると

$$\frac{1}{2}\int_C -ydx+xdy=\frac{1}{2}\int_S(1+1)dxdy=\int_S dxdy$$

となるが，この右辺は曲面 S の面積である．

直観的には，次の見方もできるであろう．

$$\boldsymbol{x}=(x,y),\quad d\boldsymbol{x}=(dx,dy)$$

とおくと，$\boldsymbol{x}\times d\boldsymbol{x}=-ydx+xdy$ となるが，$\frac{1}{2}(\boldsymbol{x}\times d\boldsymbol{x})$ は $\boldsymbol{x}$ と $d\boldsymbol{x}$ を2辺とする微小3角形の面積である(定理1.3.8)．これを，$\boldsymbol{x}$ を曲線 C 上を動かして，総和すると，曲面 S の面積になる：

$$S=\frac{1}{2}\int_C \boldsymbol{x}\times d\boldsymbol{x}.$$

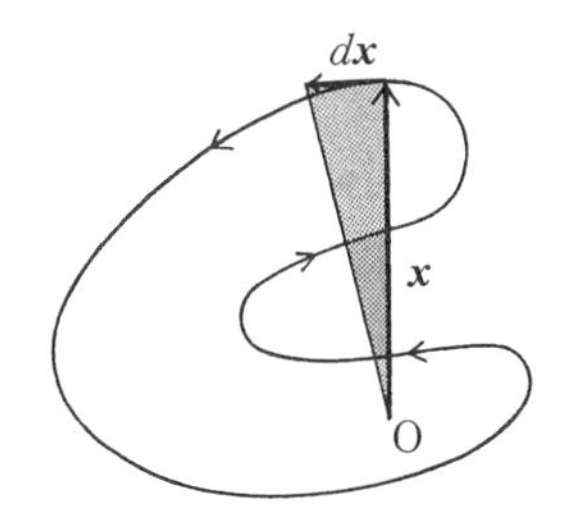

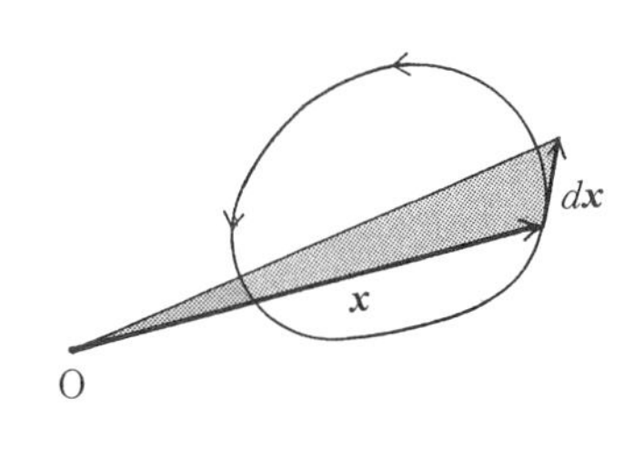

4.4.11 例 ベクトル場 $\boldsymbol{h}=(-y,x,0)$ の，右図のような，x 軸，y 軸，星芒形の一部からなる曲線 C 上の線積分 $\int_C \boldsymbol{h}$ を命題4.4.10を用いて求めてみよう．(これは，例4.2.3の別証明である)．

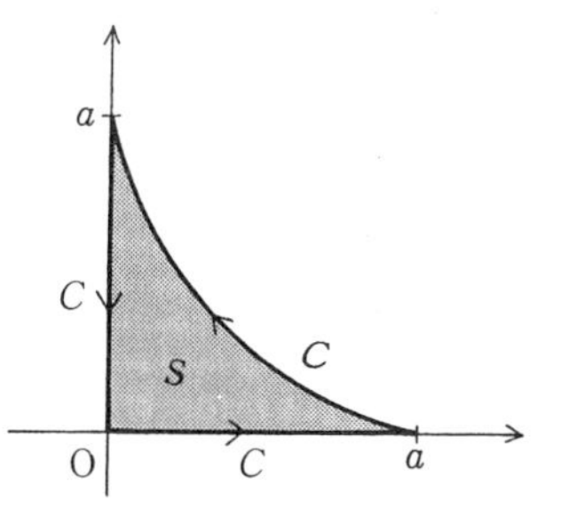

$$\int_C \boldsymbol{h}=\int_C -ydx+xdy=2(S\text{ の面積})$$

$$=2\int_0^a ydx$$

(星芒形の方程式は，$x=a\cos^3 t$，$y=a\sin^3 t$，$0\leqq t\leqq\frac{\pi}{2}$ であるから)

$$=2\int_{\frac{\pi}{2}}^0 a\sin^3 t\, 3a\cos^2 t(-\sin t)dt$$

$$=6a^2\int_0^{\frac{\pi}{2}}\sin^4 t\cos^2 t dt=6a^2\int_0^{\frac{\pi}{2}}(\sin^4 t-\sin^6 t)dt$$

$$\left(I_n=\int_0^{\frac{\pi}{2}}\sin^n t dt \text{　とおくと，} I_n=\frac{n-1}{n}I_{n-2},\ I_0=\frac{\pi}{2} \text{　となるので}\right)$$

$$=6a^2(I_4-I_6)=6a^2\left(I_4-\frac{5}{6}I_4\right)=a^2 I_4=a^2\frac{3}{4}I_2$$

$$=a^2\frac{3}{4}\cdot\frac{1}{2}I_0=a^2\frac{3}{4}\frac{1}{2}\frac{\pi}{2}=\frac{3}{16}\pi a^2$$

となる．

4.4.12 注意　Stokesの定理(4.4.6)，Greenの定理(4.4.8)の意味する所は，ベクトル場 $\boldsymbol{a}$ の閉曲線 C 上の線積分は，ベクトル場 $d\boldsymbol{a}$ のある曲面 S 上の面積分で表示されるという所にある．このような考え方，すなわち，閉曲線上の線積分を面積分に直して計算すると有用であることは，例 4.4.7，例 4.4.9 (1),(2)，例 4.4.11 にみられる通りである．

4.5　体積分

4.5.1 定義　$\boldsymbol{R}^3$ の有界な閉領域 V で定義された関数 g に対し，積分 $\int_V g$（または $\iiint_V g$ とかくが，これらはいずれも仮りの記号である）を

$$\int_V g=\iiint_V g dxdydz$$

で定義し，これを関数 g の V 上の**体積分**という．特に，g が 1 の値をとる定数関数：$g=1$ であるとき，$\int_V 1$ を V の**体積**という．V の体積も同じ記号 V で表し，

$$V=\iiint_V dxdydz$$

と書くことにする．これを形式的に

$$dV=dxdydz$$

で表し，dV を**体積素**という．

4.5.2 例　球体 $B=\{(x, y, z)\in\boldsymbol{R}^3 \mid x^2+y^2+z^2\leqq a^2\}$ の体積 V は

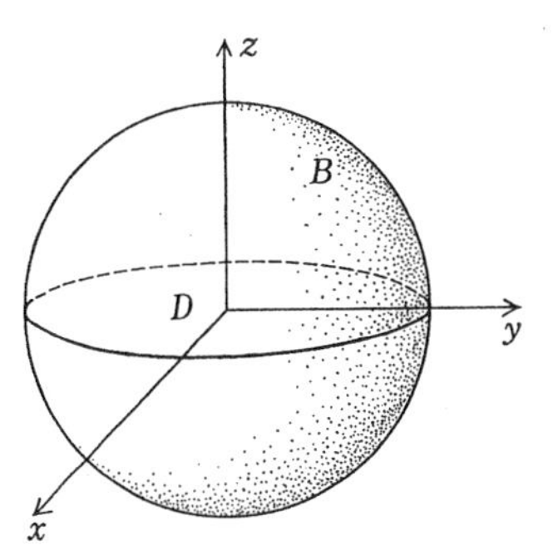

$\dfrac{4}{3}\pi a^3$ である．実際，

$$V=\iiint_B dxdydz=\iint_D [z]_{-\sqrt{a^2-x^2-y^2}}^{\sqrt{a^2-x^2-y^2}}dxdy$$

（ここに $D=\{(x, y)\in \boldsymbol{R}^2 \mid x^2+y^2\leqq a^2\}$ である）

$$=2\iint_D \sqrt{a^2-x^2-y^2}\,dxdy$$

（極座標 $x=r\cos\theta$，$y=r\sin\theta$，$0\leqq r\leqq a$，$0\leqq\theta\leqq 2\pi$ を用いて）

$$=2\int_0^{2\pi}\int_0^a \sqrt{a^2-r^2}\,rdrd\theta=4\pi\int_0^a \sqrt{a^2-r^2}\,rdr$$

（$\sqrt{a^2-r^2}=t$ とおくと，$a^2-r^2=t^2$，$-rdr=tdt$ となるので）

$$=4\pi\int_a^0 t(-tdt)=4\pi\int_0^a t^2dt=4\pi\left[\frac{t^3}{3}\right]_0^a=\frac{4}{3}\pi a^3$$

となる．

4.5.3 定理（Gauss の発散定理） $\boldsymbol{p}$ を $\boldsymbol{R}^3$ の開領域Uで定義されたベクトル場，V をUに含まれる有界な閉領域とし，その境界 $S=\partial V$ は閉曲面であるとする．S には，その各点（曲面Sの結合点を除き）における法線単位ベクトル $\boldsymbol{n}$ の方向が曲面Sの外側に向くように向きを付けておく．このとき

$$\iint_S \boldsymbol{pn}dS=\iiint_V \operatorname{div}\boldsymbol{p}dV$$

が成り立つ．

ベクトル場 $\boldsymbol{p}=(p_1, p_2, p_3)$ を 2 次の微分形式 $\boldsymbol{p}=p_1dydz+p_2dzdx+p_3dxdy$ とみるとき，Gauss の発散定理は

$$\iint_S p_1dydz+p_2dzdx+p_3dxdy=\iiint_V\left(\frac{\partial p_1}{\partial x}+\frac{\partial p_2}{\partial y}+\frac{\partial p_3}{\partial z}\right)dxdydz$$

と表される．$\boldsymbol{p}$ の外微分は

$$d(p_1dydz+p_2dzdx+p_3dxdy)=\left(\frac{\partial p_1}{\partial x}+\frac{\partial p_2}{\partial y}+\frac{\partial p_3}{\partial z}\right)dxdydz$$

であるから，上式は

$$\iint_{\partial V} \boldsymbol{p} = \iiint_V d\boldsymbol{p}$$

と書くことができる．

注意　微分形式 $d\boldsymbol{p}$ に現れる $dxdydz$ と $\iiint_V d\boldsymbol{p}$ の中に現れる $dxdydz$ とは異なるものである．前者の $dxdydz$ は外積 $dx \wedge dy \wedge dz$ の省略記号であり，積分の中にある $dxdydz$ はその長さ：

$$dxdydz = |dx \wedge dy \wedge dz|$$

であって，これは，dx, dy, dz を3辺とする平行6面体の体積を表している（定理1.4.4(2)，注意4.4.2参照）．なお，体積素 $dV = dxdydz$ の $dxdydz$ は後者の意味である．

発散定理の証明　閉領域を右図のように小閉領域に分割し，その各小閉領域 V の上で定理を証明すればよい．いま，その閉領域 V が $\boldsymbol{x}(u, v, w) = (x(u, v, w), y(u, v, w), z(u, v, w))$，$(u, v, w) \in I^3$ であり，かつ

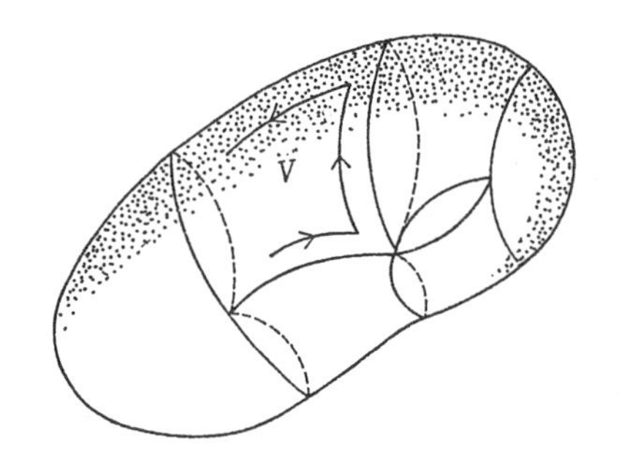

$$\left(\frac{\partial \boldsymbol{x}}{\partial u}, \frac{\partial \boldsymbol{x}}{\partial v}, \frac{\partial \boldsymbol{x}}{\partial w}\right) > 0$$

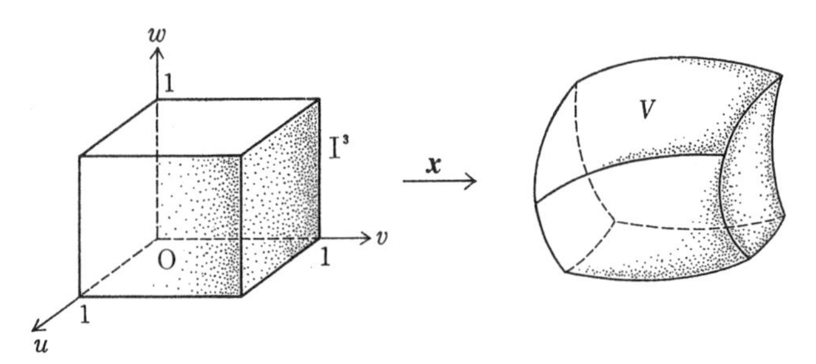

であるとしておく（例2.12.1）．さらに，$p_2 = p_3 = 0$（p_1 を p と書く）のとき，すなわち，

$$\iint_{\partial V} p\,dydz = \iiint_V \frac{\partial p}{\partial x} dxdydz \tag{i}$$

を証明すれば十分である．この右辺は，置換積分により

$$\iiint_V \frac{\partial p}{\partial x} dxdydz = \iiint_{I^3} \frac{\partial p}{\partial x}\left(\frac{\partial \boldsymbol{x}}{\partial u}, \frac{\partial \boldsymbol{x}}{\partial v}, \frac{\partial \boldsymbol{x}}{\partial w}\right) dudvdw$$

となる．（これは次のように計算される．

$$dxdydz = \left(\frac{\partial x}{\partial u}du + \frac{\partial x}{\partial v}dv + \frac{\partial x}{\partial w}dw\right) \wedge \left(\frac{\partial y}{\partial u}du + \frac{\partial y}{\partial v}dv + \frac{\partial y}{\partial w}dw\right)$$
$$\wedge \left(\frac{\partial z}{\partial u}du + \frac{\partial z}{\partial v}dv + \frac{\partial z}{\partial w}dw\right)$$
$$= \begin{vmatrix} \frac{\partial x}{\partial u} & \frac{\partial x}{\partial v} & \frac{\partial x}{\partial w} \\ \frac{\partial y}{\partial u} & \frac{\partial y}{\partial v} & \frac{\partial y}{\partial w} \\ \frac{\partial z}{\partial u} & \frac{\partial z}{\partial v} & \frac{\partial z}{\partial w} \end{vmatrix} dudvdw$$
$$= \left(\frac{\partial \boldsymbol{x}}{\partial u}, \frac{\partial \boldsymbol{x}}{\partial v}, \frac{\partial \boldsymbol{x}}{\partial w}\right) dudvdw \quad (1.4.3)).$$

一方，左辺の 2 次の微分形式 $pdydz$ の V : $\boldsymbol{x}(u, v, w)$ による引き戻し $\boldsymbol{q}$（定義 4.4.1 参照）は，

$$\boldsymbol{q} = \boldsymbol{x}^*(pdydz)$$
$$= p\left(\frac{\partial y}{\partial u}du + \frac{\partial y}{\partial v}dv + \frac{\partial y}{\partial w}dw\right) \wedge \left(\frac{\partial z}{\partial u}du + \frac{\partial z}{\partial v}dv + \frac{\partial z}{\partial w}dw\right)$$
$$= p\left(\frac{\partial y}{\partial v}\frac{\partial z}{\partial w} - \frac{\partial y}{\partial w}\frac{\partial z}{\partial v}\right)dvdw + p\left(\frac{\partial y}{\partial w}\frac{\partial z}{\partial u} - \frac{\partial y}{\partial u}\frac{\partial z}{\partial w}\right)dwdu$$
$$+ p\left(\frac{\partial y}{\partial u}\frac{\partial z}{\partial v} - \frac{\partial y}{\partial v}\frac{\partial z}{\partial u}\right)dudv$$

となり，一方，$\boldsymbol{q}$ の外微分 $d\boldsymbol{q}$ は，

$$d\boldsymbol{q} = \left(\frac{\partial}{\partial u}\left(p\left(\frac{\partial y}{\partial v}\frac{\partial z}{\partial w} - \frac{\partial y}{\partial w}\frac{\partial z}{\partial v}\right)\right) + \frac{\partial}{\partial v}\left(p\left(\frac{\partial y}{\partial w}\frac{\partial z}{\partial u} - \frac{\partial y}{\partial u}\frac{\partial z}{\partial w}\right)\right)\right.$$
$$\left. + \frac{\partial}{\partial w}\left(p\left(\frac{\partial y}{\partial u}\frac{\partial z}{\partial v} - \frac{\partial y}{\partial v}\frac{\partial z}{\partial u}\right)\right)\right) dudvdw$$
$$= \left(\frac{\partial p}{\partial u}\left(\frac{\partial y}{\partial v}\frac{\partial z}{\partial w} - \frac{\partial y}{\partial w}\frac{\partial z}{\partial v}\right) + \frac{\partial p}{\partial v}\left(\frac{\partial y}{\partial w}\frac{\partial z}{\partial u} - \frac{\partial y}{\partial u}\frac{\partial z}{\partial w}\right)\right.$$
$$\left. + \frac{\partial p}{\partial w}\left(\frac{\partial y}{\partial u}\frac{\partial z}{\partial v} - \frac{\partial y}{\partial v}\frac{\partial z}{\partial u}\right)\right) dudvdw$$

$$+p\left(\frac{\partial}{\partial u}\left(\frac{\partial y}{\partial v}\frac{\partial z}{\partial w}-\frac{\partial y}{\partial w}\frac{\partial z}{\partial v}\right)+\frac{\partial}{\partial v}\left(\frac{\partial y}{\partial w}\frac{\partial z}{\partial u}-\frac{\partial y}{\partial u}\frac{\partial z}{\partial w}\right)\right.$$

$$\left.+\frac{\partial}{\partial w}\left(\frac{\partial y}{\partial u}\frac{\partial z}{\partial v}-\frac{\partial y}{\partial v}\frac{\partial z}{\partial u}\right)\right)dudvdw$$

$=\cdots$(第2項を計算すると0になる)$\cdots$

$$=\begin{vmatrix}\frac{\partial p}{\partial u} & \frac{\partial y}{\partial u} & \frac{\partial z}{\partial u}\\ \frac{\partial p}{\partial v} & \frac{\partial y}{\partial v} & \frac{\partial z}{\partial v}\\ \frac{\partial p}{\partial w} & \frac{\partial y}{\partial w} & \frac{\partial z}{\partial w}\end{vmatrix}dudvdw$$

$$=\begin{vmatrix}\frac{\partial p}{\partial x}\frac{\partial x}{\partial u}+\frac{\partial p}{\partial y}\frac{\partial y}{\partial u}+\frac{\partial p}{\partial z}\frac{\partial z}{\partial u} & \frac{\partial y}{\partial u} & \frac{\partial z}{\partial u}\\ \frac{\partial p}{\partial x}\frac{\partial x}{\partial v}+\frac{\partial p}{\partial y}\frac{\partial y}{\partial v}+\frac{\partial p}{\partial z}\frac{\partial z}{\partial v} & \frac{\partial y}{\partial v} & \frac{\partial z}{\partial v}\\ \frac{\partial p}{\partial x}\frac{\partial x}{\partial w}+\frac{\partial p}{\partial y}\frac{\partial y}{\partial w}+\frac{\partial p}{\partial z}\frac{\partial z}{\partial w} & \frac{\partial y}{\partial w} & \frac{\partial z}{\partial w}\end{vmatrix}dudvdw$$

$$=\frac{\partial p}{\partial x}\begin{vmatrix}\frac{\partial x}{\partial u} & \frac{\partial y}{\partial u} & \frac{\partial z}{\partial u}\\ \frac{\partial x}{\partial v} & \frac{\partial y}{\partial v} & \frac{\partial z}{\partial v}\\ \frac{\partial x}{\partial w} & \frac{\partial y}{\partial w} & \frac{\partial z}{\partial w}\end{vmatrix}dudvdw$$

$$=\frac{\partial p}{\partial x}\left(\frac{\partial \boldsymbol{x}}{\partial u},\frac{\partial \boldsymbol{x}}{\partial v},\frac{\partial \boldsymbol{x}}{\partial w}\right)dudvdw$$

となるので，(i)を証明するには

$$\iint_{\partial I^3}\boldsymbol{q}=\iiint_{I^3}d\boldsymbol{q}$$

を示せばよい．結局，V が I^3 であるとして証明すれば十分であることが分かった．$\boldsymbol{q}=q_1dvdw+q_2dwdu+q_3dudv$ の形であるが，$q_2=q_3=0$（$q_1=q$ と書く）であるとして

$$\iint_{\partial I^3}qdvdw=\iint_{I^3}\frac{\partial q}{\partial u}dudvdw$$

を示せば十分である．しかるに，これは容易である．実際，

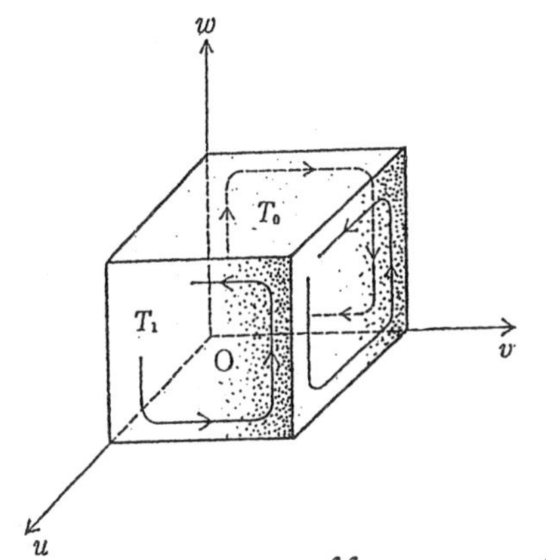

$$右辺=\iint_{I^3}\frac{\partial q}{\partial u}dudvdw$$
$$=\iint_{I^2}[q]_0^1 dvdw$$
$$=\iint_{I^2}q(1,v,w)dvdw$$
$$-\iint_{I^2}q(0,v,w)dvdw$$

であるが，一方，左辺の積分は ∂I^3 の6つの面のうち，図の T_0, T_1 を除いては0であるから，

$$左辺=\iint_{\partial I^3}qdvdw=\iint_{T_1}qdvdw+\iint_{T_0}qdvdw$$

となる．しかるに，$\iint_{T_1}qdvdw=\iint_{I^2}q(1,v,w)dvdw$ であるが，T_0 では v の方向が逆であるから，$\iint_{T_0}qdvdw=-\iint_{I^2}q(0,v,w)dvdw$ となる．以上で定理が証明された．

4.5.4 例　ベクトル場 $\boldsymbol{p}=(x,y,z)$ の，原点 $\mathbf{0}$ を中心とする半径 a の球面 S 上の面積分を Gauss の発散定理 (4.5.3) を用いて求めてみよう．(これは，例 4.4.5 の別証明である)．この球面の囲む閉領域を B とすると，

$$\iint_S \boldsymbol{p}=\iiint_B d\boldsymbol{p}=\iiint_B\left(\frac{\partial x}{\partial x}+\frac{\partial y}{\partial y}+\frac{\partial z}{\partial z}\right)dxdydz$$
$$=3\iiint_B dxdydz\ (これは B の体積の3倍である)$$
$$=3\frac{4}{3}\pi a^3\ (例 4.5.2)=4\pi a^3$$

となる．

4.5.5 注意　Gauss の発散定理(4.5.3)の意味する所は，ベクトル場 $\boldsymbol{p}$ の面積分はベクトル $d\boldsymbol{p}$ の体積分で表示されるということにある(注意 4.4.12 参照)．このような考え方，すなわち，閉曲面上の面積分を体積分に直して計算すると有用であることは，例 4.5.4 でみられたが，以下の

例でも多くみられるであろう．

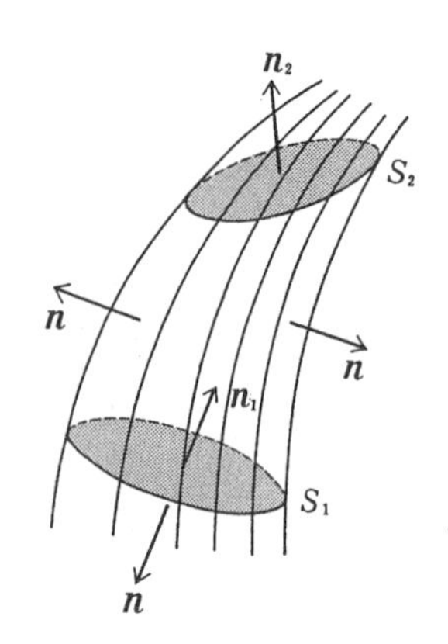

4.5.6 例 $\boldsymbol{p}$ をベクトル場とし，ある閉曲線 C で囲まれた曲面 S を通る $\boldsymbol{p}$ の流線全体を**流管**ということにする．いま，ベクトル場 $\boldsymbol{p}$ が $\operatorname{div}\boldsymbol{p}=0$ であるとする．(このようなベクトル場 $\boldsymbol{p}$ を**管状ベクトル場**または**湧き出しなしのベクトル場**という)．このとき，流管を2つの曲面 S_1, S_2 で切断するとき，S_1, S_2 を通る流線量は一定である．すなわち，

$$\iint_{S_1} \boldsymbol{pn}dS=\iint_{S_2} \boldsymbol{pn}dS.$$

が成り立つ．

実際，曲面 S_1, S_2 と流線の側面 S_3 からできる閉曲面を S とし，S で囲まれる領域を V とすると，Gauss の発散定理(4.5.3)より

$$\iint_{S_1}\boldsymbol{p}+\iint_{S_2}\boldsymbol{p}+\iint_{S_3}\boldsymbol{p}=\iint_{S}\boldsymbol{p}=\iiint_V \operatorname{div}\boldsymbol{p}=\iiint_V 0=0$$

となる．しかるに，曲面 S_3 上では法線単位ベクトル $\boldsymbol{n}$ は流線に直交しているから，$\iint_{S_3}\boldsymbol{p}=0$ である．また，曲面 S_1 では，S_1 の法線単位ベクトル $\boldsymbol{n}_1$ と曲面 S の法線単位ベクトル $\boldsymbol{n}$ の方向が逆であるから $\iint_{S_1}\boldsymbol{pn}_1dS$ $=-\int_{S_1}\boldsymbol{p}$ である．これより，上式は $-\iint_{S_1}\boldsymbol{pn}_1dS+\iint_{S_2}\boldsymbol{pn}_2dS+0=0$ となり，求める等式を得る．

4.5.7 例 V を閉曲面 S で囲まれた領域とし，S の法線ベクトルの方向は V の外部を向いているとする．さて，$\boldsymbol{R}^3$ のベクトル場 $\boldsymbol{H}$，$\boldsymbol{E}$ が

$$\operatorname{rot}\boldsymbol{H}-\frac{1}{c}\frac{\partial \boldsymbol{E}}{\partial t}=\boldsymbol{0},\quad \operatorname{rot}\boldsymbol{E}+\frac{1}{c}\frac{\partial \boldsymbol{H}}{\partial t}=\boldsymbol{0}$$

を満たしているとする(3.8.7)．このとき，

$$W=\iiint_V(\boldsymbol{EE}+\boldsymbol{HH})dV$$

とおくとき

$$\frac{\partial W}{\partial t}=2c\iint_S(\boldsymbol{H}\times\boldsymbol{E})\boldsymbol{n}dS$$

が成り立つ．実際，

$$\frac{\partial W}{\partial t}=\iiint_V\frac{\partial}{\partial t}(\boldsymbol{EE}+\boldsymbol{HH})dV$$

$$=\iiint_V\left(2\boldsymbol{E}\frac{\partial\boldsymbol{E}}{\partial t}+2\boldsymbol{H}\frac{\partial\boldsymbol{H}}{\partial t}\right)dV$$

$$=2c\iiint_V(\boldsymbol{E}\operatorname{rot}\boldsymbol{H}-\boldsymbol{H}\operatorname{rot}\boldsymbol{E})dV$$

$$=2c\iiint_V\operatorname{div}(\boldsymbol{H}\times\boldsymbol{E})dV \quad (3.7.3(4))$$

$$=2c\iint_S(\boldsymbol{H}\times\boldsymbol{E})\boldsymbol{n}dS \quad (\text{Gauss の発散定理}(4.5.3))$$

である．

4.5.8 S と V は定理 4.5.3 の通りとするとき，次の公式が成り立つ．ただし，f は関数，$\boldsymbol{a}, \boldsymbol{b}, \boldsymbol{p}$ はベクトル場とする．

(1) $$\iiint_V(\operatorname{grad}f)\boldsymbol{p}dV=\iint_S f\boldsymbol{pn}dS-\iiint_V f(\operatorname{div}\boldsymbol{p})dV$$

(2) $$\iiint_V\boldsymbol{a}(\operatorname{rot}\boldsymbol{b})dV=\iint_S(\boldsymbol{b}\times\boldsymbol{a})\boldsymbol{n}dS+\iiint_V\boldsymbol{b}(\operatorname{rot}\boldsymbol{a})dV$$

(3) $$\iiint_V(\operatorname{grad}f)(\operatorname{rot}\boldsymbol{a})dV=-\iint_S(\operatorname{grad}f\times\boldsymbol{a})\boldsymbol{n}dS$$

が成り立つ．実際，(1),(2)は，公式

$$\operatorname{div}(f\boldsymbol{p})=(\operatorname{grad}f)\boldsymbol{p}+f(\operatorname{div}\boldsymbol{p}) \quad (3.7.3(3)),$$

$$\operatorname{div}(\boldsymbol{b}\times\boldsymbol{a})=(\operatorname{rot}\boldsymbol{b})\boldsymbol{a}-\boldsymbol{b}(\operatorname{rot}\boldsymbol{a}) \quad (3.7.3(4))$$

を用いて，Gauss の発散定理(4.5.3)を適用すればよい．(3) 式は (2) 式において，$\boldsymbol{a}=\operatorname{grad}f$ とおけばよい．

4.6 立体角

4.6.1 定義 S を原点 $\mathbf{0}$ を通らない向き付けられた曲面とする．領域 $\boldsymbol{R}^3-\{\mathbf{0}\}$ で定義されたベクトル場 $\dfrac{\boldsymbol{x}}{r^3}$, $\boldsymbol{x}=(x, y, z)$, $r=\sqrt{x^2+y^2+z^2}$ の

S 上の面積分

$$\omega=\iint_S \frac{\boldsymbol{x}}{r^3}\boldsymbol{n}dS$$

を，原点 $\mathbf{0}$ に対する**立体角**(または **Gauss 積分**)という．

4.6.2 定理 S を閉曲面とし，$\boldsymbol{n}$ を S の外向きの法線単位ベクトルとする．このとき，原点 $\mathbf{0}$ に対する立体角は

$$\omega=\iint_S \frac{\boldsymbol{x}}{r^3}\boldsymbol{n}dS=\begin{cases}0, & \mathbf{0}\ \text{が}\ S\ \text{の外部にあるとき}\\ 4\pi, & \mathbf{0}\ \text{が}\ S\ \text{の内部にあるとき}\end{cases}$$

となる．

証明 (i) 原点 $\mathbf{0}$ が閉曲面 S の外部にあるとき．S の囲む領域を V とすると，V は $\mathbf{0}$ を含まないから，$\dfrac{\boldsymbol{x}}{r^3}$ は V 上のベクトル場である．$\mathrm{div}\dfrac{\boldsymbol{x}}{r^3}=0$ である．(実際に計算しても容易であるが，これは，$-\dfrac{1}{r}$ が調和関数である(例 3.8.2)という事実である．実際，$0=\Delta\left(-\dfrac{1}{r}\right)=\mathrm{div}\left(\mathrm{grad}\left(-\dfrac{1}{r}\right)\right)$ (定義 3.8.1) $=\mathrm{div}\left(\dfrac{\boldsymbol{x}}{r^3}\right)$ (例 3.3.2) である)．よって，Gauss の発散定理(4.5.3)より

$$\iint_S \frac{\boldsymbol{x}}{r^3}\boldsymbol{n}dS=\iiint_V \mathrm{div}\left(\frac{\boldsymbol{x}}{r^3}\right)dV=\iiint_V 0=0$$

となる．

(ii) 原点 $\mathbf{0}$ が閉曲面 S の内部にあるとき．原点 $\mathbf{0}$ を中心とし，半径 a が十分小さい球面 S_0 を，S と交らないようにとり，閉曲面 S と球面 S_0 が囲む領域を V とする．V の境界としての S_0 の方向付けと，S から導かれる S_0 の方向付けが逆であることに注意すると，V 上で $\mathrm{div}\left(\dfrac{\boldsymbol{x}}{r^3}\right)=0$ であるから，

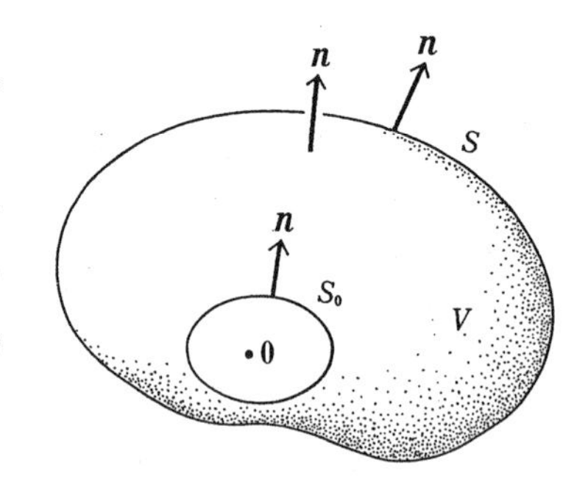

Gauss の発散定理(4.5.3)より

$$-\iint_{S_0}\frac{\boldsymbol{x}}{r^3}\boldsymbol{n}dS+\iint_{S}\frac{\boldsymbol{x}}{r^3}\boldsymbol{n}dS=\iiint_V \operatorname{div}\left(\frac{\boldsymbol{x}}{r^3}\right)dV=0$$

となる．よって，

$$\omega=\iint_{S}\frac{\boldsymbol{x}}{r^3}\boldsymbol{n}dS=\iint_{S_0}\frac{\boldsymbol{x}}{r^3}\boldsymbol{n}dS$$

を得る(例 4.5.6 参照)．球面 S_0 上では，$\boldsymbol{x}=a\boldsymbol{n}$ であるから

$$\omega=\iint_{S_0}\frac{\boldsymbol{x}}{r^3}\boldsymbol{n}dS=\iint_{S_0}\frac{a\boldsymbol{n}\boldsymbol{n}}{a^3}dS=\frac{1}{a^2}\iint_{S_0}dS$$

$$=\frac{1}{a^2}(4\pi a^2)\ (\text{例 } 2.9.3)=4\pi$$

となる．

4.6.3 立体角の直観的な見方を書いておこう．曲面 S 上に微小曲面 dS をとり，原点 **0** から曲面 dS 上の各点を結ぶ半直線全体からできる錐体をつくる．さらに，原点 **0** を中心とする半径 1 の球面 S_0 をつくり，この錐体が球面 S_0 から切り取る曲面の面積を dS_0 とする．ただし，この面積に符号をつけて考えることにする．すなわち，半直線の向きが dS の向きと一致するとき $d\omega=dS_0$ とし，向きが逆のとき $d\omega=-dS_0$ とする．さて，曲面 S の立体角はこの $d\omega$ の総和である．

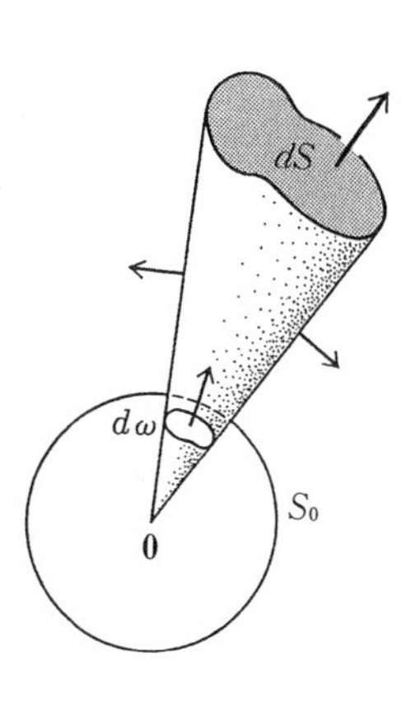

4.7 調和関数

以下，V は閉曲面 S で囲まれた領域とし，$\boldsymbol{n}$ は S の外向きの法線単位ベクトルとする．

4.7.1 命題(Green の公式) V 上で定義された関数 f, g に対し，次の (1)～(3)

(1) $\iint_S f\dfrac{\partial g}{\partial \boldsymbol{n}}dS=\iiint_V((\mathrm{grad}\,f)(\mathrm{grad}\,g)+f\Delta g)dV$

(2) $\iint_S f\dfrac{\partial f}{\partial \boldsymbol{n}}dS=\iiint_V(|\mathrm{grad}\,f|^2+f\Delta f)dV$

(3) $\iint_S \left(f\dfrac{\partial g}{\partial \boldsymbol{n}}-g\dfrac{\partial f}{\partial \boldsymbol{n}}\right)dS=\iiint_V(f\Delta g-g\Delta f)dV$

が成り立つ.

証明 (1) $\iint_S f\dfrac{\partial g}{\partial \boldsymbol{n}}dS=\iint_S f(\mathrm{grad}\,g)\boldsymbol{n}dS$

$=\iiint_V \mathrm{div}(f(\mathrm{grad}\,g))dV$ (Gaussの発散定理(4.5.3))

$=\iiint_V((\mathrm{grad}\,f)(\mathrm{grad}\,g)+f\Delta g)dV$ (3.8.5(1)).

(2) (1)式において $f=g$ とすればよい.

(3) (1)式で f と g を入れ替えたものを(1)式より引けばよい.

4.7.2 命題 V 上で定義された調和関数 f, g に対し，次の(1),(2)

(1) $\iint_S f\dfrac{\partial f}{\partial \boldsymbol{n}}dS=\iiint_V|\mathrm{grad}\,f|^2dV$

(2) $\iint_S \left(f\dfrac{\partial g}{\partial \boldsymbol{n}}-g\dfrac{\partial f}{\partial \boldsymbol{n}}\right)dS=0$

が成り立つ.

証明 $\Delta f=\Delta g=0$ であるから，それぞれ，命題4.7.1(2), (3)より明らかである.

4.7.3 定理 V を閉曲面 S で囲まれた領域とする.

(1) V 上の調和関数 f が V の境界 S 上で $f=0$ ならば，V 上で $f=0$ である.

(2) V 上の2つの調和関数 f, g に対し，V の境界 S 上で $f=g$ ならば，V 上で $f=g$ である.

証明 (1) S 上で $f=0$ とすると，$\iint_S f\dfrac{\partial f}{\partial \boldsymbol{n}}dS=0$ である．よって，命題4.7.2(1)より，$\iiint_V|\mathrm{grad}\,f|^2dV=0$ となる．これより，V 上で

$|\mathrm{grad}\, f|=0$，すなわち $\mathrm{grad}\, f=\mathbf{0}$ となる．よって，V 上では f は定数関数：$f=C$ である．しかるに，S 上で $f=0$ であるから，$C=0$ であり，$f=0$ となる．

(2) $f-g$ は調和関数であり，S 上で $f-g=0$ であるから，(1)より V 上で $f-g=0$，すなわち，$f=g$ となる．

調和関数は，関数論，微分方程式論，幾何学でのコホモロジー論等で重要な役割を果たすものであり，広く研究されている．興味のある人は，その方面の専門書を見て下さい．

練習問題

4.1 次の関数 f の，曲線 C：$\boldsymbol{x}(t)=(t, t, t)$，$0 \leqq t \leqq 1$ 上の線積分を求めよ．

(1) $f=xyz$

(2) $f=yz+zx+xy$

4.2 力の場 $\boldsymbol{f}=(x, y, z)$ の中で，質点が曲線 C：$\boldsymbol{x}(t)=(t, t^2, t^3)$ に沿って $t=0$ から $t=1$ まで運動する間に力 $\boldsymbol{f}$ がする仕事量を求めよ．

4.3 次のベクトル場 $\boldsymbol{a}$ の，曲線 C：$\boldsymbol{x}(t)=(a\cos t, a\sin t, bt)$，$0 \leqq t \leqq 2\pi$ 上の線積分を求めよ．

(1) $\boldsymbol{a}=(x, y, z)$

(2) $\boldsymbol{a}=(y+z, z+x, x+y)$

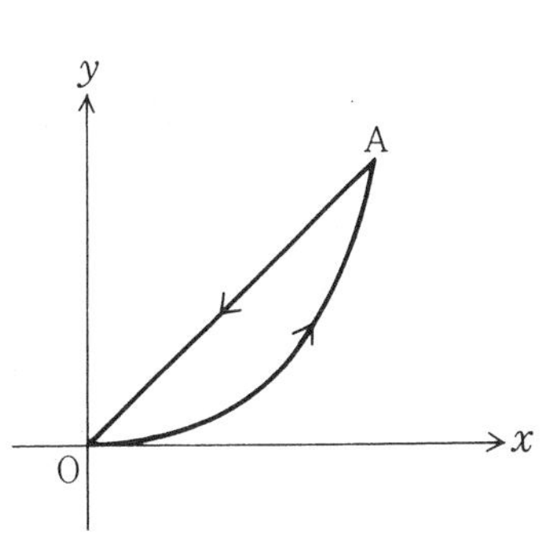

4.4 (1) ベクトル場 $\boldsymbol{a}=(yz, zx, xy)$ の，正方形の周 $|x|+|y|=1$ 上を正の方向に1周する曲線 C 上の線積分を求めよ．

(2) ベクトル場 $\boldsymbol{a}=(xy, x^2, 0)$ の，曲線 $y=x^2$ と $y=x$ を右図のように $\mathrm{O}(0, 0)$ と $\mathrm{A}(1, 1)$ を結んでできる曲線 C を正の方向に1周するときの線積分を求めよ．

(3) ベクトル場 $\boldsymbol{a}=(2x^2y+3x, y^3-2xy^2, 0)$ の，原点を中心とする半径1の円周を正の方向に1周する曲線C上の線積分を求めよ．

4.5 (1) 関数 $f=x^2+y^2$ の，単位球面S上の面積分を求めよ．
(2) 関数 $f=xyz$ の，曲面 S：$x^2+y^2+z^2=1$, $0\leqq x$, $0\leqq y$, $0\leqq z$ 上の面積分を求めよ．

4.6 ベクトル場 $\boldsymbol{p}=(x^2+y^2, z^2+x^2, x^2+y^2)$ の，円板 S：$x^2+y^2\leqq a^2$ 上の面積分を求めよ．ただし，z軸の正方向をSの表側とする．

4.7 (1) ベクトル場 $\boldsymbol{p}=(z, x, y)$ の，平面 $x+y+z=1$ が座標軸と交わる3点A, B, Cを頂点とする3角形S_0上の面積分を求めよ．ただし，原点Oの反対側をS_0の表側とする．
(2) ベクトル場 $\boldsymbol{p}=(z, x, y)$ の，O(0, 0, 0), A(1, 0, 0), B(0, 1, 0), C(0, 0, 1)を頂点とする3角錐面S上の面積分を求めよ．

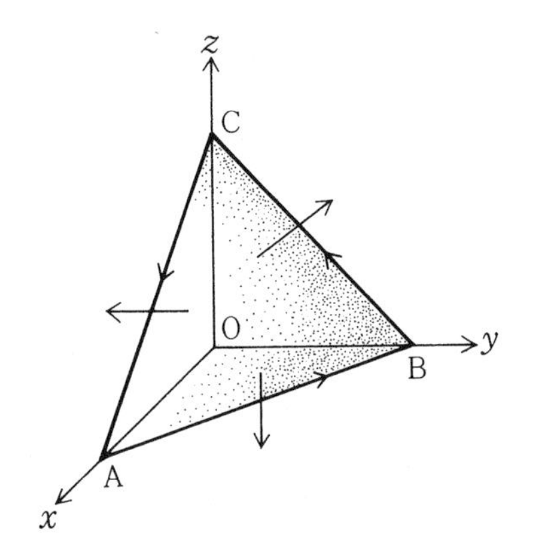

4.8 (1) ベクトル場 $\boldsymbol{p}=(x^3, x^2y, x^2z)$ の，球面 $x^2+y^2+z^2=1$ の $0\leqq x$, $0\leqq y$, $0\leqq z$ の部分からなる曲面S_0上の面積分を求めよ．ただし，原点Oの反対側をS_0の表側とする．
(2) ベクトル場 $\boldsymbol{p}=(x^3, x^2y, x^2z)$ の，第1象限にある球体 V：$x^2+y^2+z^2\leqq 1$, $0\leqq x$, $0\leqq y$, $0\leqq z$ の表曲面S上の面積分を求めよ．

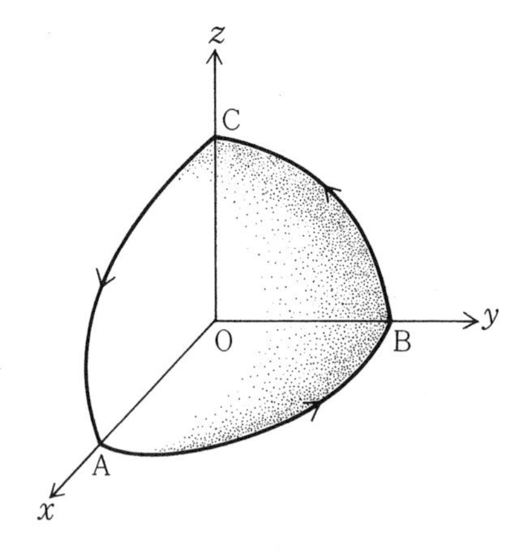

4.9 (1)　ベクトル場 $\boldsymbol{p}=(x, y, z)$ の，トーラス S：$\boldsymbol{x}(u, v)=((a+b\cos v)\cos u, (a+b\cos v)\sin u, a+b\sin v)$, $0\leqq u\leqq 2\pi$, $0\leqq v\leqq 2\pi$ $(a>b>0)$ 上の面積分を求めよ．

(2)　ベクトル場 $\boldsymbol{p}=(4xz,\ xyz^2,\ 3z)$ の，直円錐面 $z^2=x^2+y^2$ と平面 $z=1$ で囲まれた閉曲面上の面積分を求めよ．

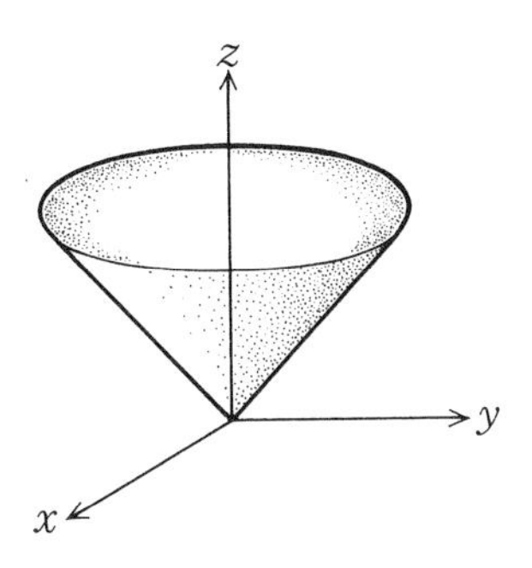

4.10　閉曲面 S で囲まれた領域 V で調和である関数 f に対して

$$\iint_S \frac{\partial f}{\partial \boldsymbol{n}}\,dS=0$$

であることを示せ．

練習問題解答

1.1 (1) $(1,1,0)\times(0,1,1)=(1,-1,1)\neq\mathbf{0}$ であるから，この2つのベクトルは1次独立である (1.3.4(1)).

(2) $\begin{vmatrix} 1 & 1 & 1 \\ a & b & c \\ a^2 & b^2 & c^2 \end{vmatrix}=\cdots=(a-b)(b-c)(c-a)$ であるから，a, b, c が相異なるとき，この3つのベクトルは1次独立であり，a, b, c のうちに等しいものがあれば1次独立でない.

1.2 (1) $\boldsymbol{a}=(a_1, a_2, a_3)$，$\boldsymbol{b}=(b_1, b_2, b_3)$，$\boldsymbol{c}=(c_1, c_2, c_3)$ として直接計算による.

(2) $\boldsymbol{a}\times(\boldsymbol{b}\times\boldsymbol{c})=-(\boldsymbol{b}\times\boldsymbol{c})\times\boldsymbol{a}$ に上記(1)を用いる.

1.3 (1) 左辺$=((\boldsymbol{a}, \boldsymbol{c})\boldsymbol{b}-(\boldsymbol{b}, \boldsymbol{c})\boldsymbol{a})+((\boldsymbol{b}, \boldsymbol{a})\boldsymbol{c}-(\boldsymbol{c}, \boldsymbol{a})\boldsymbol{b})+((\boldsymbol{c}, \boldsymbol{b})\boldsymbol{a}-(\boldsymbol{a}, \boldsymbol{b})\boldsymbol{c})$ (命題1.3.6) $=\mathbf{0}$

(2) $(\boldsymbol{a}\times\boldsymbol{b}, \boldsymbol{c}\times\boldsymbol{d})=((\boldsymbol{a}\times\boldsymbol{b})\times\boldsymbol{c}, \boldsymbol{d})$ (命題1.3.2(4)) $=((\boldsymbol{a}, \boldsymbol{c})\boldsymbol{b}-(\boldsymbol{b}, \boldsymbol{c})\boldsymbol{a}, \boldsymbol{d})$ (命題1.3.6) $=(\boldsymbol{a}, \boldsymbol{c})(\boldsymbol{b}, \boldsymbol{d})-(\boldsymbol{b}, \boldsymbol{c})(\boldsymbol{a}, \boldsymbol{d})$

(3) 上記(2)を用いる.

(4) $(\boldsymbol{a}\times\boldsymbol{b})\times(\boldsymbol{c}\times\boldsymbol{d})=(\boldsymbol{a}, \boldsymbol{c}\times\boldsymbol{d})\boldsymbol{b}-(\boldsymbol{b}, \boldsymbol{c}\times\boldsymbol{d})\boldsymbol{a}$ (命題1.3.6) $=(\boldsymbol{a}, \boldsymbol{c}, \boldsymbol{d})\boldsymbol{b}-(\boldsymbol{b}, \boldsymbol{c}, \boldsymbol{d})\boldsymbol{a}$. 他の等式は問1.2(2)を用いて同様にすればよい.

1.4
$$\begin{vmatrix} a_1 & a_2 & a_3 \\ b_1 & b_2 & b_3 \\ c_1 & c_2 & c_3 \end{vmatrix}\begin{vmatrix} l_1 & l_2 & l_3 \\ m_1 & m_2 & m_3 \\ n_1 & n_2 & n_3 \end{vmatrix}=\begin{vmatrix} a_1 & a_2 & a_3 \\ b_1 & b_2 & b_3 \\ c_1 & c_2 & c_3 \end{vmatrix}\begin{vmatrix} l_1 & m_1 & n_1 \\ l_2 & m_2 & n_2 \\ l_3 & m_3 & n_3 \end{vmatrix}$$
に対して，問は，行列A, Bとその積ABの行列式に関する性質 $|A||B|=|AB|$ のことにほかならない.

1.5 $\boldsymbol{e}\times(\boldsymbol{a}\times\boldsymbol{e})=(\boldsymbol{e}, \boldsymbol{e})\boldsymbol{a}-(\boldsymbol{a}, \boldsymbol{e})\boldsymbol{e}$ (問1.2(2)) $=\boldsymbol{a}-(\boldsymbol{a}, \boldsymbol{e})\boldsymbol{e}$ より $\boldsymbol{a}$ の表示を得る. なお，$(\boldsymbol{e}, \boldsymbol{e}\times(\boldsymbol{a}\times\boldsymbol{e}))=(\boldsymbol{e}\times\boldsymbol{e}, \boldsymbol{a}\times\boldsymbol{e})$ (命題1.3.2(4)) $=(\mathbf{0}, \boldsymbol{a}\times\boldsymbol{e})=0$ であるから，($\boldsymbol{e}\times(\boldsymbol{a}\times\boldsymbol{e})\neq\mathbf{0}$ ならば) $\boldsymbol{e}$ と $\boldsymbol{e}\times(\boldsymbol{a}\times\boldsymbol{e})$ は直交している.

1.6 (1) $\boldsymbol{a}=\mathrm{B}-\mathrm{A}=(1,2,3)$，$\boldsymbol{b}=\mathrm{C}-\mathrm{A}=(1,3,4)$ とするとき，
$$S=\frac{1}{2}|\boldsymbol{a}\times\boldsymbol{b}|=\frac{1}{2}|(-1,-1,1)|=\frac{\sqrt{3}}{2}$$
(2) $\boldsymbol{a}=\mathrm{B}-\mathrm{A}=(1,2,3)$，$\boldsymbol{b}=\mathrm{C}-\mathrm{A}=(8,9,4)$，$\boldsymbol{c}=\mathrm{D}-\mathrm{A}=(7,6,5)$ とするとき，

$$V=|(\boldsymbol{a},\boldsymbol{b},\boldsymbol{c})|=\left|\begin{vmatrix}1&2&3\\8&9&4\\7&6&5\end{vmatrix}\right|=\cdots=|-48|=48$$

1.7　(1)　$\boldsymbol{b}-\boldsymbol{a}$ はこの直線の傾きであるから

$$\boldsymbol{x}-\boldsymbol{a}=t(\boldsymbol{b}-\boldsymbol{a}),\quad t\in\boldsymbol{R}$$

が求める直線の方程式である．$\boldsymbol{x}=(x,y,z)$，$\boldsymbol{a}=(a_1,a_2,a_3)$，$\boldsymbol{b}=(b_1,b_2,b_3)$ として成分で表示すると，この直線の方程式は

$$\frac{x-a_1}{b_1-a_1}=\frac{y-a_2}{b_2-a_2}=\frac{z-a_3}{b_3-a_3}$$

となる．

(2)　$\boldsymbol{a},\boldsymbol{b},\boldsymbol{c}$ が同一直線上にないので，ベクトル $\boldsymbol{b}-\boldsymbol{a},\boldsymbol{c}-\boldsymbol{a}$ は1次独立であるから $(\boldsymbol{b}-\boldsymbol{a})\times(\boldsymbol{c}-\boldsymbol{a})\neq\boldsymbol{0}$ である．このベクトル $(\boldsymbol{b}-\boldsymbol{a})\times(\boldsymbol{c}-\boldsymbol{a})$ は $\boldsymbol{b}-\boldsymbol{a},\boldsymbol{c}-\boldsymbol{a}$ と直交するから，求める平面の傾きである．よって，点 $\boldsymbol{a}$ を通り傾き $(\boldsymbol{b}-\boldsymbol{a})\times(\boldsymbol{c}-\boldsymbol{a})$ の平面の方程式は $(\boldsymbol{x}-\boldsymbol{a},(\boldsymbol{b}-\boldsymbol{a})\times(\boldsymbol{c}-\boldsymbol{a}))=0$ である．これを簡単にすれば $(\boldsymbol{x}-\boldsymbol{a},\boldsymbol{b}\times\boldsymbol{c})=0$ となるので

$$(\boldsymbol{x}-\boldsymbol{a},\boldsymbol{b},\boldsymbol{c})=0$$

が求める平面の方程式である．$\boldsymbol{x}=(x,y,z)$，$\boldsymbol{a}=(a_1,a_2,a_3)$，$\boldsymbol{b}=(b_1,b_2,b_3)$，$\boldsymbol{c}=(c_1,c_2,c_3)$ として成分で表示すると，この平面の方程式は

$$\begin{vmatrix}x-a_1&y-a_2&z-a_3\\b_1&b_2&b_3\\c_1&c_2&c_3\end{vmatrix}=0$$

となる．なお，これは

$$\begin{vmatrix}x&y&z&1\\a_1&a_2&a_3&1\\b_1&b_2&b_3&1\\c_1&c_2&c_3&1\end{vmatrix}=0$$

としても同じである．

1.8　(1)　$\boldsymbol{p}=(p,q,r)$ とし，また $\boldsymbol{x}=(x,y,z)$，$\boldsymbol{a}=(a,b,c)$，$\boldsymbol{l}=(l,m,n)$ とおいて直線を

$$\boldsymbol{x}-\boldsymbol{a}=t\boldsymbol{l},\quad t\in\boldsymbol{R}$$

と表示しておく．Pから直線へ下した垂線の足をHとし，ベクトル$\boldsymbol{a}$，$\boldsymbol{l}$ のなす角を θ，$0\leqq\theta\leqq\pi$ とするとき

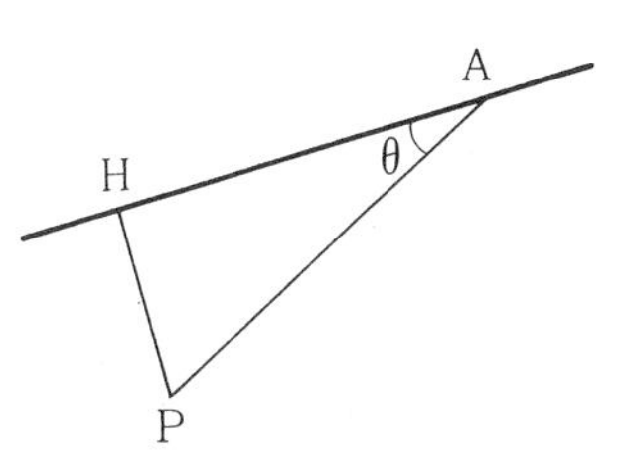

$$h = \mathrm{PH} = \mathrm{AP}\sin\theta = \mathrm{AP}\sqrt{1-\cos^2\theta}$$

$$= |\boldsymbol{p}-\boldsymbol{a}|\sqrt{1-\left(\frac{(\boldsymbol{l},\boldsymbol{p}-\boldsymbol{a})}{|\boldsymbol{l}||\boldsymbol{p}-\boldsymbol{a}|}\right)^2} = \frac{1}{|\boldsymbol{l}|}\sqrt{|\boldsymbol{l}|^2|\boldsymbol{p}-\boldsymbol{a}|^2-(\boldsymbol{l},\boldsymbol{p}-\boldsymbol{a})^2}$$

$$= \frac{1}{|\boldsymbol{l}|}|\boldsymbol{l}\times(\boldsymbol{p}-\boldsymbol{a})| \text{ (命題 1.3.2(5))}$$

$$= \left(\frac{(m(r-c)-n(q-b))^2+(n(p-a)-l(r-c))^2+(l(q-b)-m(p-a))^2}{l^2+m^2+n^2}\right)^{1/2}$$

(2) $\boldsymbol{p}=(p, q, r)$ とし，また $\boldsymbol{x}=(x, y, z)$, $\boldsymbol{l}=(l, m, n)$ とおいて平面を $(\boldsymbol{l}, \boldsymbol{x})=d$…(1) と表示しておく．点 $\boldsymbol{p}$ を通りこの平面に直交する直線の方程式は $\boldsymbol{x}-\boldsymbol{p}=t\boldsymbol{l}$, $t\in\boldsymbol{R}$…(2) である．この直線と平面との交点 $\boldsymbol{h}$ は(1),(2)を解くことにより

$$\boldsymbol{h}=\boldsymbol{p}+\frac{d-(\boldsymbol{l},\boldsymbol{p})}{|\boldsymbol{l}|^2}\boldsymbol{l}$$

となる．よって

$$h=\mathrm{PH}=|\boldsymbol{h}-\boldsymbol{p}|=\left|\frac{d-(\boldsymbol{l},\boldsymbol{p})}{|\boldsymbol{l}|^2}\right||\boldsymbol{l}|=\frac{|(\boldsymbol{l},\boldsymbol{p})-d|}{|\boldsymbol{l}|}$$

$$=\frac{|lp+mq+nr-d|}{\sqrt{l^2+m^2+n^2}}$$

1.9 (1) $\boldsymbol{x}=(x, y, z)$ とおいて $S^2=\{\boldsymbol{x}\in\boldsymbol{R}^3 \mid |\boldsymbol{x}|=1\}$ と表示しておく．さて，S^2 の点列 $\boldsymbol{x}_1, \boldsymbol{x}_2, \cdots, \boldsymbol{x}_n, \cdots$ が $\lim_{n\to\infty}\boldsymbol{x}_n=\boldsymbol{x}\,(\boldsymbol{x}\in\boldsymbol{R}^3)$ とするとき

$$0\leqq||\boldsymbol{x}|-1|=||\boldsymbol{x}|-|\boldsymbol{x}_n||\leqq|\boldsymbol{x}-\boldsymbol{x}_n|\to 0 \quad (n\to\infty)$$

より $|\boldsymbol{x}|=1$, すなわち，$\boldsymbol{x}\in S^2$ となる．これは S^2 が $\boldsymbol{R}^3$ の閉集合であることを示している．

(2) $\boldsymbol{x}=(x, y, 0)$ とおいて $D=\{\boldsymbol{x}\in\boldsymbol{R}^2\subset\boldsymbol{R}^3 \mid |\boldsymbol{x}|<1\}$ と表示しておく．まず，$\boldsymbol{R}^2-D$ が $\boldsymbol{R}^2$ の閉集合であることを示そう．$\boldsymbol{R}^2-D$ の点列 $\boldsymbol{x}_1, \boldsymbol{x}_2, \cdots, \boldsymbol{x}_n, \cdots$ が $\lim_{n\to\infty}\boldsymbol{x}_n=\boldsymbol{x}\,(\boldsymbol{x}\in\boldsymbol{R}^2)$ とする．$|\boldsymbol{x}_n|\geqq 1$, $n=1, 2, \cdots$ であるから $|\boldsymbol{x}|=\lim_{n\to\infty}|\boldsymbol{x}_n|$ (上記(1)参照) $\geqq 1$ となるので，$\boldsymbol{x}\in\boldsymbol{R}^2-D$ である．これは $\boldsymbol{R}^2-D$ が $\boldsymbol{R}^2$ の閉集合であることを示している．よって，D は $\boldsymbol{R}^2$ の開集合である．

つぎに，$\boldsymbol{R}^3-D$ が $\boldsymbol{R}^3$ の閉集合でないことを示そう．$\boldsymbol{R}^3-D$ の点列 $\boldsymbol{x}_1=(0, 0, 1)$, $\boldsymbol{x}_2=\left(0, 0, \frac{1}{2}\right), \cdots, \boldsymbol{x}_n=\left(0, 0, \frac{1}{n}\right), \cdots$ を考えると，$\lim_{n\to\infty}\boldsymbol{x}_n=\boldsymbol{0}$ であるが $\boldsymbol{0}\notin\boldsymbol{R}^3-D$ である．これは $\boldsymbol{R}^3-D$ が $\boldsymbol{R}^3$ の閉集合でないことを示している．よって，D は $\boldsymbol{R}^3$ の開集合でない．

(3) D が $\boldsymbol{R}^2$ の開集合であることは上記(2)で示した．D が連結であることを示そう．D^2 の任意の 2 点 $\boldsymbol{a}, \boldsymbol{b}$ に対して，写像

$$\boldsymbol{x}:[0, 1]\to D, \quad \boldsymbol{x}(t)=(1-t)\boldsymbol{a}+t\boldsymbol{b}$$

は $\boldsymbol{a}, \boldsymbol{b}$ を結ぶ道である．よって，D は連結である．

2.1　$\dfrac{d}{dt}(\boldsymbol{a},\boldsymbol{b},\boldsymbol{c})=\dfrac{d}{dt}(\boldsymbol{a},\boldsymbol{b}\times\boldsymbol{c})=\left(\dfrac{d\boldsymbol{a}}{dt},\boldsymbol{b}\times\boldsymbol{c}\right)+\left(\boldsymbol{a},\dfrac{d}{dt}(\boldsymbol{b}\times\boldsymbol{c})\right)$ (補題 2.1.2 (3))
$=\left(\dfrac{d\boldsymbol{a}}{dt},\boldsymbol{b}\times\boldsymbol{c}\right)+\left(\boldsymbol{a},\dfrac{d\boldsymbol{b}}{dt}\times\boldsymbol{c}+\boldsymbol{b}\times\dfrac{d\boldsymbol{c}}{dt}\right)$ (補題 2.1.2(4)) $=\left(\dfrac{d\boldsymbol{a}}{dt},\boldsymbol{b},\boldsymbol{c}\right)+\left(\boldsymbol{a},\dfrac{d\boldsymbol{b}}{dt},\boldsymbol{c}\right)$
$+\left(\boldsymbol{a},\boldsymbol{b},\dfrac{d\boldsymbol{c}}{dt}\right)$

2.2　(1)　点 $(1,1,1)$ を通り，傾き $\left.\dfrac{d\boldsymbol{x}}{dt}\right|_{t=1}=(1,2t,3t^2)\Big|_{t=1}=(1,2,3)$ の直線として

$$x-1=\frac{y-1}{2}=\frac{z-1}{3}$$

が接線の方程式である．

(2)　点 $(1,1,0)$ を通り，傾き $\left.\dfrac{d\boldsymbol{x}}{dt}\right|_{t=0}=(e^t,-e^{-t},1)\Big|_{t=0}=(1,-1,1)$ の直線として

$$x-1=-y+1=z$$

が接線の方程式である．

2.3　P, Qをそれぞれ $\boldsymbol{p},\boldsymbol{q}$ で表すことにする．$\boldsymbol{p}$ と曲線上の点 $\boldsymbol{x}(t)$ との距離の 2 乗 $f(t)=|\boldsymbol{x}(t)-\boldsymbol{p}|^2$ は $\boldsymbol{q}=\boldsymbol{x}(t_0)$ で最小値(当然極小値である)をもつから，$f'(t_0)=0$，すなわち，$2(\boldsymbol{x}(t_0)-\boldsymbol{p},\boldsymbol{x}'(t_0))=0$ となる．これは，直線PQとQにおける接線が直交することを示している．

2.4　(1)　質点の質量を m，加速度が $\boldsymbol{\alpha}$ であるとすると，質点に作用する力 $\boldsymbol{f}$ は $\boldsymbol{f}=m\boldsymbol{\alpha}$ であるが，仮定 $\boldsymbol{f}=\boldsymbol{0}$ より，$\boldsymbol{\alpha}=\boldsymbol{0}$，すなわち，$\dfrac{d^2\boldsymbol{x}}{dt^2}=\boldsymbol{0}$ である．これより

$$\boldsymbol{x}=\boldsymbol{a}t+\boldsymbol{b},\quad \boldsymbol{a},\boldsymbol{b}\text{ は定数ベクトル}$$

となる．これは，質点の軌道が直線であることを示しており，その速さ v は $v=\left|\dfrac{d\boldsymbol{x}}{dt}\right|=|\boldsymbol{a}|$ で一定である．

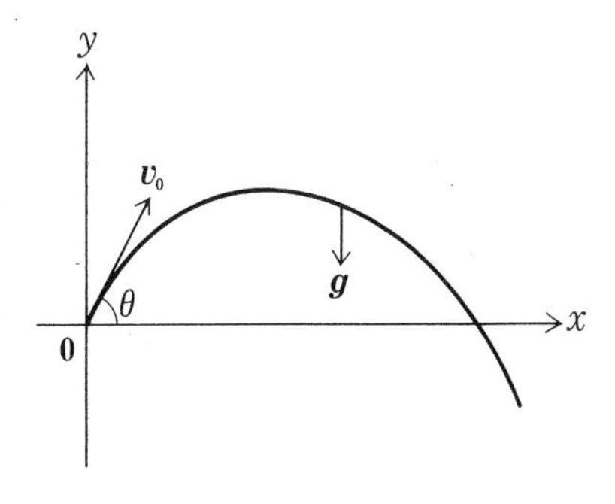

(2)　右図のように座標軸をとる．重力の加速度は $\boldsymbol{g}=(0,-g)$ であるから，$\dfrac{d^2\boldsymbol{x}}{dt^2}=\boldsymbol{g}$ である．これより $\dfrac{d\boldsymbol{x}}{dt}=\boldsymbol{g}t+\boldsymbol{v}_0$，さらに

$$\boldsymbol{x}=\frac{\boldsymbol{g}}{2}t^2+\boldsymbol{v}_0t$$

を得る．$v_0=|\boldsymbol{v}_0|$ とおくと，$\boldsymbol{v}_0=(v_0\cos\theta, v_0\sin\theta)$ であるから，上式を座標 x，y で表示すると

$$x=(v_0\cos\theta)t,\quad y=-\frac{g}{2}t^2+(v_0\sin\theta)t$$

となる．

2.5 $\boldsymbol{b}\times\boldsymbol{t}=\boldsymbol{n}$，$\boldsymbol{t}\times\boldsymbol{n}=\boldsymbol{b}$，$\boldsymbol{n}\times\boldsymbol{b}=\boldsymbol{t}$ に注意しよう．

$$\boldsymbol{\omega}\times\boldsymbol{t}=(\tau\boldsymbol{t}+\kappa\boldsymbol{b})\times\boldsymbol{t}=\kappa\boldsymbol{b}\times\boldsymbol{t}=\kappa\boldsymbol{n}=\frac{d\boldsymbol{t}}{ds}$$
$$\boldsymbol{\omega}\times\boldsymbol{n}=(\tau\boldsymbol{t}+\kappa\boldsymbol{b})\times\boldsymbol{n}=\tau\boldsymbol{t}\times\boldsymbol{n}+\kappa\boldsymbol{b}\times\boldsymbol{n}=\tau\boldsymbol{b}-\kappa\boldsymbol{t}=\frac{d\boldsymbol{n}}{ds}$$
$$\boldsymbol{\omega}\times\boldsymbol{b}=(\tau\boldsymbol{t}+\kappa\boldsymbol{b})\times\boldsymbol{b}=\kappa\boldsymbol{t}\times\boldsymbol{b}=-\tau\boldsymbol{n}=\frac{d\boldsymbol{b}}{ds}$$

2.6 (1) $\boldsymbol{x}(t)$ の弧長による parameter 表示を $\boldsymbol{x}_1(s)$ とすると

$$\boldsymbol{x}(t)=\boldsymbol{x}_1(s(t))$$

である．(以下，$\boldsymbol{x}_1(s)$ の s に関する微分も $'$ の記号を用いている)．

$$\boldsymbol{x}'(t)=\boldsymbol{x}_1{}'(s)s'(t)=\boldsymbol{t}s'(t)$$
$$\boldsymbol{x}''(t)=\boldsymbol{x}_1{}''(s)s'(t)^2+\boldsymbol{x}_1{}'(s)s''(t)=\kappa\boldsymbol{n}s'(t)^2+\boldsymbol{t}s''(t)$$
$$\boldsymbol{x}'''(t)=\boldsymbol{x}_1{}'''(s)s'(t)^3+3\boldsymbol{x}_1{}''(s)s'(t)s''(t)+\boldsymbol{x}_1{}'(s)s'''(t)$$
$$=(\kappa'\boldsymbol{n}+\kappa(-\kappa\boldsymbol{t}+\tau\boldsymbol{b}))s'(t)^3+3\kappa\boldsymbol{n}s'(t)s''(t)+\boldsymbol{t}s'''(t)$$

より

$$\boldsymbol{x}'(t)\times\boldsymbol{x}''(t)=\kappa(\boldsymbol{t}\times\boldsymbol{n})s'(t)^3=\kappa\boldsymbol{b}s'(t)^3$$
$$(\boldsymbol{x}'(t),\boldsymbol{x}''(t),\boldsymbol{x}'''(t))=(\boldsymbol{t},\kappa\boldsymbol{n},\kappa\tau\boldsymbol{b})s'(t)^6=\kappa^2\tau s'(t)^6$$

となる．これより，κ, τ の式を得る．

(2) $\boldsymbol{x}(t)=(x, f(x), 0)$ とする．$\boldsymbol{x}'(t)=(1, f'(x), 0)$，$\boldsymbol{x}''(t)=(0, f''(x), 0)$ より $\boldsymbol{x}'(x)\times\boldsymbol{x}''(x)=(0, 0, f''(x))$ となるので，上記(1)の結果を用いればよい．

2.7 曲線 $\boldsymbol{x}(t)$ が，点 $\boldsymbol{p}$ を通り，ベクトル $\boldsymbol{b}$, $\boldsymbol{c}$ で張られる平面上にあるとすると

$$\boldsymbol{x}(t)=\boldsymbol{p}+b(t)\boldsymbol{b}+c(t)\boldsymbol{c}$$

と表される．このとき

$$\boldsymbol{x}'(t)=b'(t)\boldsymbol{b}+c'(t)\boldsymbol{c},\quad \boldsymbol{x}''(t)=b''(t)\boldsymbol{b}+c''(t)\boldsymbol{c},\quad \boldsymbol{x}'''(t)=b'''(t)\boldsymbol{b}+c'''(t)\boldsymbol{c}$$

より $(\boldsymbol{x}'(t),\boldsymbol{x}''(t),\boldsymbol{x}'''(t))=0$ となる．よって，問 2.6(1) より $\tau=0$ を得る．

2.8 (1) 速度 $\boldsymbol{v}(t)=\dfrac{d\boldsymbol{x}}{dt}=(-a\sin t, a\cos t, b)$，速さ $v(t)=|\boldsymbol{v}(t)|=\sqrt{a^2+b^2}$，加速度 $\boldsymbol{\alpha}(t)=\dfrac{d\boldsymbol{v}}{dt}=(-a\cos t, -a\sin t, 0)$，加速度の大きさ $\alpha(t)=|\boldsymbol{\alpha}(t)|=a$

(2) 速度 $\boldsymbol{v}(t)=\dfrac{d\boldsymbol{x}}{dt}=(t\sin t, t\cos t, 2t)$，速さ $\boldsymbol{v}(t)=|\boldsymbol{v}(t)|=\sqrt{5}t$，加速度

$\boldsymbol{\alpha}(t)=\dfrac{d\boldsymbol{v}}{dt}=(\sin t+t\cos t,\ \cos t-t\sin t, 2)$，加速度の大きさ $\alpha(t)=|\boldsymbol{\alpha}(t)|=\sqrt{5+t^2}$，曲率 $\kappa=\dfrac{|\boldsymbol{v}(t)\times\boldsymbol{\alpha}(t)|}{|\boldsymbol{v}(t)|^3}$（問 2.6(1)）$=\dfrac{\sqrt{5}t^2}{(\sqrt{5}t)^3}=\dfrac{1}{5t}$

2.9　(1)　$\dfrac{\partial z}{\partial x}=2x$，$\dfrac{\partial z}{\partial y}=2y$ であるから，点 $(1,1,2)$ を通り傾き $(-2,-2,1)$ の平面として，$-2(x-1)-2(y-1)+(z-2)=0$，すなわち

$$2x+2y-z=2$$

が求める接平面の方程式である．

(2)　$z=z(x,y)$ として，2.8.2 を用いると，接平面の方程式は $-\dfrac{\partial z}{\partial x}(p,q)(x-p)-\dfrac{\partial z}{\partial y}(p,q)(y-q)+(z-r)=0$，すなわち，$\dfrac{c^2p}{a^2r}(x-p)+\dfrac{c^2q}{b^2r}(y-q)+(z-r)=0$ となる．$\dfrac{p^2}{a^2}+\dfrac{q^2}{b^2}+\dfrac{r^2}{c^2}=1$ であることに注意すると，上式は

$$\frac{px}{a^2}+\frac{qy}{b^2}+\frac{rz}{c^2}=1$$

となり，これが求める接平面の方程式である．（以上，$r\neq 0$ としたが，$r=0$ でも上式は正しい）．（別解　関数 $f=\dfrac{x^2}{a^2}+\dfrac{y^2}{b^2}+\dfrac{z^2}{c^2}-1$ に対し $\mathrm{grad}\, f=\left(\dfrac{2x}{a^2}, \dfrac{2y}{b^2}, \dfrac{2z}{c^2}\right)$ であり（問 3.2(1)），$\mathrm{grad}\, f|_{\boldsymbol{p}}=\left(\dfrac{2p}{a^2}, \dfrac{2q}{b^2}, \dfrac{2r}{c^2}\right)$ は $\boldsymbol{p}$ における接平面の傾きである（命題 2.8.3）ことを用いてもよい）．

2.10　(1)　$S=\displaystyle\iint_{x^2+y^2\leq 1}\sqrt{\left(\frac{\partial z}{\partial x}\right)^2+\left(\frac{\partial z}{\partial y}\right)^2+1}\,dxdy=\iint_{x^2+y^2\leq 1}\sqrt{4(x^2+y^2)+1}\,dxdy$

$(x=r\cos\theta, y=r\sin\theta$ とおく$)=\displaystyle\iint_{\substack{0\leq r\leq 1\\ 0\leq\theta\leq 2\pi}}\sqrt{4r^2+1}\,rdrd\theta$

$=\displaystyle\int_0^{2\pi}d\theta\int_0^1\sqrt{4r^2+1}\,rdr$　$(\sqrt{4r^2+1}=t$ とおく$)$

$=2\pi\displaystyle\int_1^{\sqrt{5}}t\frac{t}{4}dt=\cdots=\frac{\pi}{6}(5\sqrt{5}-1)$

(2)　$\dfrac{\partial \boldsymbol{x}}{\partial u}=(\cos v, \sin v, 1)$，$\dfrac{\partial \boldsymbol{x}}{\partial v}=(-u\sin v, u\cos v, 0)$ より $E=2$，$F=0$，$G=u^2$ である．よって

$$S=\iint_{\substack{0\leq u\leq 1\\ 0\leq v\leq 2\pi}}\sqrt{FG-F^2}\,dudv=\iint_{\substack{0\leq u\leq 1\\ 0\leq v\leq 2\pi}}\sqrt{2}\,ududv$$

$$=\sqrt{2}\int_0^{2\pi}dv\int_0^1 udu=\sqrt{2}\,2\pi\frac{1}{2}=\sqrt{2}\pi$$

(3)　$\dfrac{\partial \boldsymbol{x}}{\partial u}=(-b\sin u\cos v, -b\sin u\sin v, b\cos u)$，$\dfrac{\partial \boldsymbol{x}}{\partial v}=(-(a+b\cos u)\sin v, (a$

$+b\cos u)\cos v, 0)$ より $E=b^2$, $F=0$, $G=(a+b\cos u)^2$ である．よって

$$S=\iint_{\substack{0\leq u\leq 2\pi\\0\leq v\leq 2\pi}}\sqrt{EG-F^2}\,dudv=\iint_{\substack{0\leq u\leq 2\pi\\0\leq v\leq 2\pi}}b(a+b\cos u)dudv$$
$$=b\int_0^{2\pi}dv\int_0^{2\pi}(a+b\cos u)du=b\,2\pi\,2\pi a=4\pi^2 ab$$

3.1 ベクトル場の流線を求めるためには微分方程式を解く必要がおこる．したがって，ベクトル場によっては流線の具体的な形を求めることが容易でないことが多い．しかし，ここにあげた例でのそれは，定数係数の線型微分方程式のみであるから，その解を具体的に求めることができる．つぎに，その解法の１つを述べよう．微分方程式

$$\frac{d\boldsymbol{x}}{dt}=A\boldsymbol{x},\quad \text{初期条件}\quad \boldsymbol{x}(0)=\boldsymbol{a}$$

(A は定数行列，$\boldsymbol{a}$ は定数ベクトル)の解 $\boldsymbol{x}(t)$ は

$$\boldsymbol{x}=(\exp tA)\boldsymbol{a}$$

である．この解の具体的な形を知るためには，$\exp tA$ を計算することが必要となるが，そのために行列 A を対角線形または Jordan 形の行列に変形してから計算するのが普通である．(詳しくは微分方程式の書を参照して下さい)．以下の解答では，解を天下り的に書くにとどめた．注として $\exp tA$ の形を書いておいたが，その計算方法は書いていない．

(1) $$\frac{dx}{dt}=y,\quad \frac{dy}{dt}=x,\quad \frac{dz}{dt}=0$$

の一般解は

$$x=Ae^t+Be^{-t},\quad y=Ae^t-Be^{-t},\quad z=C$$

(A, B, C は定数)であり，これが流線である．(注　この微分方程式は

$$\frac{d}{dt}\begin{pmatrix}x\\y\\z\end{pmatrix}=\begin{pmatrix}0&1&0\\1&0&0\\0&0&0\end{pmatrix}\begin{pmatrix}x\\y\\z\end{pmatrix}$$

と表される．そして

$$\exp\begin{pmatrix}0&t&0\\t&0&0\\0&0&0\end{pmatrix}=\frac{1}{2}\begin{pmatrix}e^t+e^{-t}&e^t-e^{-t}&0\\e^t-e^{-t}&e^t+e^{-t}&0\\0&0&1\end{pmatrix}$$

である)．

(2) 初期条件 $x(0)=1$, $y(0)=3$, $z(0)=0$ をもつ微分方程式

$$\frac{dx}{dt}=y,\quad \frac{dy}{dt}=-x-2y,\quad \frac{dz}{dt}=0$$

の解として，求める流線は

$$x=(1+4t)e^{-t},\ \ y=(3-4t)e^{-t},\ \ z=0$$

である．(注　$\exp\begin{pmatrix}0 & t\\ -t & -2t\end{pmatrix}=\begin{pmatrix}(1+t)e^{-t} & te^{-t}\\ -te^{-t} & (1-t)e^{-t}\end{pmatrix}$ である)．

(3)　初期条件 $x(0)=1,\ y(0)=2,\ z(0)=3$ をもつ微分方程式

$$\frac{dx}{dt}=x-y-z,\ \ \frac{dy}{dt}=-x+y-z,\ \ \frac{dz}{dt}=-x-y+z$$

の解として，求める流線は

$$x=2e^{-t}-e^{2t},\ \ y=2e^{-t},\ \ z=2e^{-t}+e^{2t}$$

である．(注　$\exp\begin{pmatrix}t & -t & -t\\ -t & t & -t\\ -t & -t & t\end{pmatrix}=\frac{1}{3}\begin{pmatrix}e^{-t}+2e^{2t} & e^{-t}-e^{2t} & e^{-t}-e^{2t}\\ e^{-t}-e^{2t} & e^{-t}+2e^{2t} & e^{-t}-e^{2t}\\ e^{-t}-e^{2t} & e^{-t}-e^{2t} & e^{-t}+2e^{2t}\end{pmatrix}$ である)．

3.2　(1)　$\operatorname{grad} f=\left(\frac{2x}{a^2},\ \frac{2y}{b^2},\ \frac{2z}{c^2}\right)$

(2)　$\operatorname{grad} f=\frac{ae^{ar}}{r}(x, y, z)$

3.3　(1)　$\frac{\partial}{\partial y}(xy)-\frac{\partial}{\partial z}(zx)=x-x=0$ 等より，$\operatorname{rot}\boldsymbol{a}=\boldsymbol{0}$ となる．また，$\frac{\partial}{\partial x}(yz)=0$ 等より，$\operatorname{div}\boldsymbol{a}=0$ である．

(2)　$\frac{\partial}{\partial y}(r^m z)-\frac{\partial}{\partial z}(r^m y)=zmr^{m-2}y-ymr^{m-2}z=0$ 等より $\operatorname{rot}\boldsymbol{a}=\boldsymbol{0}$ となる．つぎに，$\frac{\partial}{\partial x}(r^m x)=r^{m-2}((m+1)x^2+y^2+z^2)$ 等より，$\operatorname{div}\boldsymbol{a}=r^{m-2}(m+3)(x^2+y^2+z^2)=(m+3)r^m$ となる．

3.4　(1)　$\boldsymbol{a}=(a_1, a_2, a_3)$ に対し，$\operatorname{rot}\boldsymbol{a}=\left(\frac{\partial a_3}{\partial y}-\frac{\partial a_2}{\partial z},\ \frac{\partial a_1}{\partial z}-\frac{\partial a_3}{\partial x},\ \frac{\partial a_2}{\partial x}-\frac{\partial a_1}{\partial y}\right)$ であるから，$\operatorname{rot}\operatorname{rot}\boldsymbol{a}$ の第1成分は

$$\frac{\partial}{\partial y}\left(\frac{\partial a_2}{\partial x}-\frac{\partial a_1}{\partial y}\right)-\frac{\partial}{\partial z}\left(\frac{\partial a_1}{\partial z}-\frac{\partial a_3}{\partial x}\right)=\left(\frac{\partial^2 a_2}{\partial x\partial y}+\frac{\partial^2 a_3}{\partial x\partial z}\right)-\left(\frac{\partial^2 a_1}{\partial y^2}+\frac{\partial^2 a_1}{\partial z^2}\right)$$

である．一方，$\operatorname{div}\boldsymbol{a}=\frac{\partial a_1}{\partial x}+\frac{\partial a_2}{\partial y}+\frac{\partial a_3}{\partial z}$ であるから，$\operatorname{grad}\operatorname{div}\boldsymbol{a}-\varDelta\boldsymbol{a}$ の第1成分は

$$\frac{\partial}{\partial x}\left(\frac{\partial a_1}{\partial x}+\frac{\partial a_2}{\partial y}+\frac{\partial a_3}{\partial z}\right)-\left(\frac{\partial^2 a_1}{\partial x^2}+\frac{\partial^2 a_1}{\partial y^2}+\frac{\partial^2 a_1}{\partial z^2}\right)=\frac{\partial^2 a_2}{\partial x\partial y}+\frac{\partial^2 a_3}{\partial x\partial z}-\frac{\partial^2 a_1}{\partial y^2}-\frac{\partial^2 a_1}{\partial z^2}$$

となり，上記と一致する．第2，3成分も同様である．(注　$\operatorname{rot}\operatorname{rot}\boldsymbol{a}$ を微分形式で表示すると $\delta d\boldsymbol{a}$ であり，$\operatorname{grad}\operatorname{div}\boldsymbol{a}$ は $-d\delta\boldsymbol{a}$ のことである．よって，(1)の等式は命題3.8.4の $(d\delta+\delta d)\boldsymbol{a}=-\varDelta\boldsymbol{a}$ のことにほかならない)．

(2)　上記(1)に rot を施して，$\operatorname{rot}\operatorname{grad}=\boldsymbol{0}$ (定理3.5.3)を用いればよい．

3.5　$\operatorname{div}\boldsymbol{a}=\operatorname{div}(\operatorname{grad} f\times\operatorname{grad} g)=(\operatorname{rot}(\operatorname{grad} f))(\operatorname{grad} g)-(\operatorname{grad} f)(\operatorname{rot}(\operatorname{grad} g))$ (3.7.3(4)) $=\boldsymbol{0}(\operatorname{grad} g)-(\operatorname{grad} f)\boldsymbol{0}$ (定理3.5.3) $=0$

3.6 $f(x, y, z)=c$ とおくと $(a-c)x^2+(b-c)y^2=1$ となる．よって，等位面は次のようになる．

(i) $c<a$ のとき，だ円柱面である．

(ii) $c=a$ のとき，平行な2つの平面である．

(iii) $a<c<b$ のとき，双曲柱面である．

(iv) $c\leqq b$ のとき，等位面は存在しない．

3.7 (1) $\dfrac{\partial^2 f}{\partial x^2}=e^x\sin y$，$\dfrac{\partial^2 f}{\partial y^2}=-e^x\sin y$ より $\varDelta f=0$ となる．

(2) $\dfrac{\partial^2 f}{\partial x^2}=-\sin x\sinh y-\cos x\cosh z$，$\dfrac{\partial^2 f}{\partial y^2}=\sin x\sinh y$，$\dfrac{\partial^2 f}{\partial z^2}=\cos x\cosh z$ より $\varDelta f=0$ となる．

(3) $\dfrac{\partial f}{\partial x}=\dfrac{2x}{x^2+y^2}$，$\dfrac{\partial^2 f}{\partial x^2}=\dfrac{2(-x^2+y^2)}{x^2+y^2}$ 等より $\varDelta f=0$ となる(問3.9(1)参照)．

3.8 $\dfrac{\partial^2 \boldsymbol{h}}{\partial u^2}=\lambda^2\boldsymbol{h}$，$\dfrac{\partial^2 \boldsymbol{h}}{\partial v^2}=-\lambda^2\boldsymbol{h}$ より $\varDelta\boldsymbol{h}=\boldsymbol{0}$ となる．

3.9 (1) $\dfrac{\partial f}{\partial x}=f'\dfrac{\partial x}{\partial r}=f'\dfrac{x}{r}$，$\dfrac{\partial^2 f}{\partial x^2}=f''\left(\dfrac{x}{r}\right)^2+f'\left(\dfrac{1}{r}-\dfrac{x^2}{r^3}\right)$ 等より，$\varDelta f=\dfrac{\partial^2 f}{\partial x^2}+\dfrac{\partial^2 f}{\partial y^2}$ $=f''\dfrac{x^2+y^2}{r^2}+f'\left(\dfrac{2}{r}-\dfrac{x^2+y^2}{r^3}\right)=f''+f'\dfrac{1}{r}$ を得る．つぎに，$\varDelta f=0$ とすると，$f''+f'\dfrac{1}{r}=0$，$\dfrac{f''}{f'}=-\dfrac{1}{r}$ を解いて，$f'=\dfrac{C}{r}$，さらに

$$f=A\log r+B\ \ (A, B \text{ は定数})$$

となる．

(2) 上記(1)と同様にして，$\varDelta f=f''\dfrac{x^2+y^2+z^2}{r^2}+f'\left(\dfrac{3}{r}-\dfrac{x^2+y^2+z^2}{r^3}\right)=f''+f'\dfrac{2}{r}$ を得る．つぎに，$\varDelta f=0$ とすると，$f''+f'\dfrac{2}{r}=0$，$\dfrac{f''}{f'}=-\dfrac{2}{r}$ を解いて，$f'=-\dfrac{A}{r^2}$，さらに

$$f=\frac{A}{r}+B\ \ (A, B \text{ は定数})$$

となる．

3.10 (1) $\dfrac{\partial}{\partial y}(xy)-\dfrac{\partial}{\partial z}(xz)=x-x=0$ 等より $\mathrm{rot}\,\boldsymbol{a}=\boldsymbol{0}$ である．つぎに

$$f=-\left(\int_0^x(2\xi+yz)d\xi+\int_0^y 0\,d\eta+\int_0^z 0\,d\zeta\right)=-(x^2+xyz)$$

は $\boldsymbol{a}$ のポテンシャルの1つである．

(2) $\mathrm{rot}\,\boldsymbol{a}=\boldsymbol{0}$ は容易である．つぎに

$$f=-\left(\int_0^x(y+\sin z)d\xi+\int_0^y 0\,d\eta+\int_0^z 0\,d\zeta\right)=-x(y+\sin z)$$

は $\boldsymbol{a}$ のポテンシャルの1つである．

3.11　(1)　$\operatorname{div}\boldsymbol{p}=\dfrac{\partial}{\partial x}(y-z)+\dfrac{\partial}{\partial y}(z-x)+\dfrac{\partial}{\partial z}(x-y)=0$ である．つぎに

$$a_1=\int_0^z(\zeta-x)d\zeta,\quad a_2=-\int_0^z(y-\zeta)d\zeta+\int_0^x(\xi-y)d\xi,\quad a_3=0$$

を計算して

$$\boldsymbol{a}=\left(\frac{z^2}{2}-xz,\ -yz+\frac{z^2}{2}+\frac{x^2}{2}-yx,\ 0\right)$$

は $\boldsymbol{p}$ のベクトルポテンシャルの１つである．

(2)　$\operatorname{div}\boldsymbol{p}=(2xy)+(3z^2-2xy)+(-3z^2)=0$ である．つぎに

$$a_1=\int_0^z(3y^2\zeta^2-xy^2)d\zeta,\quad a_2=-\int_0^z x^2yd\zeta+\int_0^x 0d\xi,\quad a_3=0$$

を計算して

$$\boldsymbol{a}=(yz^3-xy^2z,\ \ -x^2yz,\ \ 0)$$

は $\boldsymbol{p}$ のベクトルポテンシャルの１つである．

4.1　(1)　$\displaystyle\int_C f=\int_0^1 ttt\sqrt{1+1+1}dt=\sqrt{3}\int_0^1 t^3dt=\frac{\sqrt{3}}{4}$

(2)　$\displaystyle\int_C f=\int_0^1 3t^2\sqrt{3}dt=\sqrt{3}$

4.2　$\dfrac{d\boldsymbol{x}}{dt}=(1,2t,3t^2)$ であるから $\displaystyle\int_C f=\int_0^1(t+t^2 2t+t^3 3t^2)dt=\int_0^1(t+2t^3+$ $3t^5)dt=\dfrac{1}{2}+\dfrac{1}{2}+\dfrac{1}{2}=\dfrac{3}{2}$

4.3　$\dfrac{d\boldsymbol{x}}{dt}=(-a\sin t,a\cos t,b)$ であるから

(1)　$\displaystyle\int_C\boldsymbol{a}=\int_0^{2\pi}(a\cos t(-a\sin t)+a\sin t\ a\cos t+btb)dt=\int_0^{2\pi}b^2tdt=2\pi^2b^2$

(2)
$$\begin{aligned}\int_C\boldsymbol{a}&=\int_0^{2\pi}((a\sin t+bt)(-a\sin t)+(bt+a\cos t)a\cos t\\&\qquad+(a\cos t+a\sin t)b)dt\\&=\int_0^{2\pi}(a^2\cos 2t+ab(-t\sin t+t\cos t+\cos t+\sin t))dt\\&=\cdots=a^2 0+ab(-(-2\pi)+0+0+0)=2\pi ab\end{aligned}$$

4.4　(1)　曲線Cが平面 $z=0$ 上にあることに注意すると，線積分の被積分関数$=$ 0 となるので，$\displaystyle\int_C\boldsymbol{a}=0$ である．(Stokes の定理(4.4.6)を用いる別証明 $\operatorname{rot}\boldsymbol{a}=\boldsymbol{0}$(問3.3(1))であるから $\displaystyle\int_C\boldsymbol{a}=\iint_S(\operatorname{rot}\boldsymbol{a})\boldsymbol{n}dS=0$ となる)．

(2)　O と A を結ぶ曲線 C_1 ：$\boldsymbol{x}_1(t)=(t,\ t^2)$，$0\leqq t\leqq 1$ 上の $\boldsymbol{a}$ の線積分は$\displaystyle\int_{C_1}\boldsymbol{a}=$ $\displaystyle\int_0^1(tt^2 1+t^2 2t)dt=\int_0^1 3t^3dt=\frac{3}{4}$ であり，また，OとAを結ぶ曲線 C_2：$\boldsymbol{x}_2(t)=(t,$

t), $0\leqq t\leqq 1$ 上の $\boldsymbol{a}$ の線積分は $\displaystyle\int_{C_2}\boldsymbol{a}=\int_0^1(tt1+t^2 1)dt=\int_0^1 2t^2dt=\frac{2}{3}$ となる．よって

$$\int_C\boldsymbol{a}=\int_{C_1}\boldsymbol{a}-\int_{C_2}\boldsymbol{a}=\frac{3}{4}-\frac{2}{3}=\frac{1}{12}$$

が求めるものである．(Green の定理(4.4.8)を用いる別証明　曲線 C の囲む領域を S とする．

$$\int_C\boldsymbol{a}=\int_C(xy)dx+x^2dy=\iint_S\left(\frac{\partial x^2}{\partial x}-\frac{\partial(xy)}{\partial y}\right)dxdy$$
$$=\iint_S(2x-x)dxdy=\iint_S xdxdy=\int_0^1\left(\int_{x^2}^x xdy\right)dx$$
$$=\int_0^1 x(x-x^2)dx=\frac{1}{3}-\frac{1}{4}=\frac{1}{12})$$

(3)　C : $\boldsymbol{x}(t)=(\cos t, \sin t, 0)$, $0\leqq t\leqq 2\pi$ とする．$\dfrac{d\boldsymbol{x}}{dt}=(-\sin t, \cos t, 0)$ であるから

$$\int_C\boldsymbol{a}=\int_0^{2\pi}((2\cos^2 t\sin t+3\cos t)(-\sin t)+(\sin^3 t-2\cos t\sin^2 t)\cos t)dt$$
$$=\int_0^{2\pi}(-4\sin^2 t\cos^2 t-3\sin t\cos t+\sin^3 t\cos t)dt$$
$$=\cdots=-\pi+0+0=-\pi$$

(Green の定理(4.4.8)を用いる別証明　$S=\{(x, y)\in\boldsymbol{R}^2 \mid x^2+y^2\leqq 1\}$ とする．

$$\int_C\boldsymbol{a}=\int_C(2x^2y+3x)dx+(y^3-2xy^2)dy$$
$$=\iint_S\left(\frac{\partial}{\partial x}(y^3-2xy^2)-\frac{\partial}{\partial y}(2x^2y+3x)\right)dxdy$$
$$=-2\iint_S(x^2+y^2)dxdy\quad(x=r\cos\theta,\ \ y=r\sin\theta \text{ とおく})$$
$$=-2\iint_{\substack{0\leqq r\leqq 1\\0\leqq\theta\leqq 2\pi}} r^2 rdrd\theta=-2\int_0^{2\pi}d\theta\int_0^1 r^3dr=-2\cdot 2\pi\frac{1}{4}=-\pi)$$

4.5　(1)　S : $\boldsymbol{x}(u, v)=(\sin u\cos v,\ \sin u\sin v,\ \cos u)$, $0\leqq u\leqq\pi$, $0\leqq v\leqq 2\pi$ とする．例 2.9.3 のようにすると，$\sqrt{EG-F^2}=\sin u$ であるから

$$\int_S f=\iint_{\substack{0\leqq u\leqq\pi\\0\leqq v\leqq 2\pi}}((\sin u\cos v)^2+(\sin u\sin v)^2)\sin ududv$$
$$=\iint_{\substack{0\leqq u\leqq\pi\\0\leqq v\leqq 2\pi}}\sin^3 ududv=\int_0^{2\pi}dv\int_0^{\pi}\sin^3 udu=2\pi\frac{4}{3}=\frac{8}{3}\pi$$

(2)　S : $\boldsymbol{x}(u, v)=(\sin u\cos v,\ \sin u\sin v,\ \cos u)$, $0\leqq u\leqq\dfrac{\pi}{2}$, $0\leqq v\leqq\dfrac{\pi}{2}$ とする．上記(1)のように，$\sqrt{EG-F^2}=\sin u$ であるから

$$\int_S f = \iint_{\substack{0\leqq u\leqq\frac{\pi}{2}\\0\leqq v\leqq\frac{\pi}{2}}} (\sin u\cos v\sin u\sin v\cos u)\sin u\,du\,dv$$

$$=\int_0^{\frac{\pi}{2}}\sin^3 u\cos u\,du\int_0^{\frac{\pi}{2}}\sin v\cos v\,dv=\frac{1}{4}\frac{1}{2}=\frac{1}{8}$$

4.6 $S: \boldsymbol{x}(u, v)=(u\cos v, u\sin v, 0)$, $0\leqq u\leqq a$, $0\leqq v\leqq 2\pi$ とする．$\dfrac{\partial\boldsymbol{x}}{\partial u}\times\dfrac{\partial\boldsymbol{x}}{\partial v}=$ $(\cos v, \sin v, 0)\times(-u\sin v, u\cos v, 0)=(0, 0, u)$ であるから

$$\int_S \boldsymbol{p} = \iint_{\substack{0\leqq u\leqq a\\0\leqq v\leqq 2\pi}} (u^2\cos^2 v+u^2\sin^2 v)u\,du\,dv$$

$$=\iint_{\substack{0\leqq u\leqq a\\0\leqq v\leqq 2\pi}} u^3\,du\,dv=\int_0^{2\pi}dv\int_0^a u^3\,du=2\pi\frac{a^4}{4}=\frac{\pi}{2}a^4$$

4.7 (1) $S_0: \boldsymbol{x}(u, v)=(u, v, 1-u-v)$, $(u, v)\in D$, $D=\{(u, v)\in\boldsymbol{R}^2 \mid 0\leqq u, 0\leqq v, 0\leqq u+v\leqq 1\}$ とする．$\dfrac{\partial\boldsymbol{x}}{\partial u}\times\dfrac{\partial\boldsymbol{x}}{\partial v}=(1, 0, -1)\times(0, 1, -1)=(1, 1, 1)$ であるから

$$\int_S \boldsymbol{p} = \iint_D (1-u-v+u+v)\,du\,dv$$

$$=\iint_D du\,dv=(D\text{の面積})=\frac{1}{2}$$

(2) $\boldsymbol{p}$ の△ABC 面上の面積分は上記(1)で求められている．$\boldsymbol{p}$ の△OBA 面上の面積分を求めよう．$S_1: \boldsymbol{x}_1(u, v)=(v, u, 0)$, $(u, v)\in D$, $D=\{(u, v)\in\boldsymbol{R}^2 \mid 0\leqq u, 0\leqq v, u+v\leqq 1\}$ とする．$\dfrac{\partial\boldsymbol{x}}{\partial u}\times\dfrac{\partial\boldsymbol{x}}{\partial v}=(0, 1, 0)\times(1, 0, 0)=(0, 0, -1)$ であるから

$$\int_{S_1} \boldsymbol{p} = \iint_D (-u)\,du\,dv=-\int_0^1\left(\int_0^{1-u}u\,dv\right)du$$

$$=-\int_0^1 u(1-u)\,du=-\frac{1}{6}$$

となる．同様に，$\boldsymbol{p}$ の△OAC 面 S_2，△OCB 面 S_3 上の面積分もともに $-\dfrac{1}{6}$ となるので

$$\int_S \boldsymbol{p}=\int_{S_0}\boldsymbol{p}+\int_{S_1}\boldsymbol{p}+\int_{S_2}\boldsymbol{p}+\int_{S_3}\boldsymbol{p}=\frac{1}{2}-\frac{1}{6}-\frac{1}{6}-\frac{1}{6}=0$$

である(Gauss の発散定理(4.5.3)を用いる別証明　$\mathrm{div}\,\boldsymbol{p}=0$ であるから $\displaystyle\int_S\boldsymbol{p}=\iiint_V \mathrm{div}\,\boldsymbol{p}\,dV=\iiint_V 0\,dV=0$ である)．

4.8 (1) $S_0: \boldsymbol{x}(u, v)=(\sin u\cos v, \sin u\sin v, \cos u)$, $(u, v)\in D$, $D\in\left\{(u, v)\in\boldsymbol{R}^2 \mid 0\leqq u\leqq\dfrac{\pi}{2}, 0\leqq v\leqq\dfrac{\pi}{2}\right\}$ とする．$\dfrac{\partial\boldsymbol{x}}{\partial u}\times\dfrac{\partial\boldsymbol{x}}{\partial v}=(\cos u\cos v, \cos u\sin v, -\sin u)\times$ $(-\sin u\sin v, \sin u\cos v, 0)=(\sin^2 u\cos v, \sin^2 u\sin v, \sin u\cos u)$ であるから

$$\int_{S_0}\boldsymbol{p}=\iint_D(\sin^3 u\cos^3 v\sin^2 u\cos v+\sin^3 u\cos^2 v\sin v\sin^2 u\sin v$$
$$+\sin^2 u\cos^2 v\cos u\sin u\cos u)dudv$$
$$=\iint_D\sin^3 u\cos^2 vdudv=\int_0^{\frac{\pi}{2}}\sin^3 udu\int_0^{\frac{\pi}{2}}\cos^2 vdv$$
$$=\frac{2}{3}\frac{\pi}{4}=\frac{\pi}{6}$$

(2) $\boldsymbol{p}$ の曲面 ABC 上の面積分は上記(1)で求められている．$\boldsymbol{p}$ の曲面 OBA 上の面積分を求めよう．S_1：$\boldsymbol{x}_1(u,v)=(v\cos u, v\sin u, 0)$，$(u,v)\in D$，$D=\left\{(u,v)\in\boldsymbol{R}^2\ \middle|\ 0\leqq u\leqq\frac{\pi}{2},\ 0\leqq v\leqq 1\right\}$ とする．$\dfrac{\partial\boldsymbol{x}}{\partial u}\times\dfrac{\partial\boldsymbol{x}}{\partial v}=(-v\sin u, v\cos u, 0)\times(\cos u,\sin u,0)=(0,0,-v)$ であるから

$$\int_{S_1}\boldsymbol{p}=\iint_D 0dudv=0$$

となる．同様に，$\boldsymbol{p}$ の OAC 面，OCB 面上の面積分もともに 0 となるので

$$\int_S\boldsymbol{p}=\int_{S_0}\boldsymbol{p}+\int_{S_1}\boldsymbol{p}+\int_{S_2}\boldsymbol{p}+\int_{S_3}\boldsymbol{p}=\frac{\pi}{6}+0+0+0=\frac{\pi}{6}$$

である．(Gauss の発散定理(4.5.3)を用いる別証明

$$\int_S\boldsymbol{p}=\iiint_V\mathrm{div}\,\boldsymbol{p}dV=\iiint_V(3x^2+x^2+x^2)dxdydz$$
$$=5\int_0^1\left(\int_0^{\sqrt{1-x^2}}\left(\int_0^{\sqrt{1-x^2-y^2}}x^2dz\right)dy\right)dx$$
$$=5\int_0^1\left(\int_0^{\sqrt{1-x^2}}x^2\sqrt{1-x^2-y^2}\,dy\right)dx=5\int_0^1 x^2\frac{\pi}{4}(1-x^2)dx$$
$$=\frac{5}{4}\pi\int_0^1(x^2-x^4)=\frac{5}{4}\pi\left(\frac{1}{3}-\frac{1}{5}\right)=\frac{\pi}{6})$$

4.9 (1) $\dfrac{\partial\boldsymbol{x}}{\partial u}\times\dfrac{\partial\boldsymbol{x}}{\partial v}=(b(a+b\cos v)\cos v\cos u,\ b(a+b\cos v)\cos v\sin u,\ b(a+b\cos v)\sin v)$ となるので

$$\int_S\boldsymbol{p}=\iint_{\substack{0\leqq u\leqq 2\pi\\0\leqq v\leqq 2\pi}}(b(a+b\cos v)^2\cos v\cos^2 u+b(a+b\cos v)^2\cos v\sin^2 u$$
$$+b(a+b\sin v)(a+b\cos v)\sin v)dudv$$
$$=\iint_{\substack{0\leqq u\leqq 2\pi\\0\leqq v\leqq 2\pi}}b(a+b\cos v)(b+a\cos v+a\sin v)dudv$$
$$=b\int_0^{2\pi}du\int_0^{2\pi}(a+b\cos v)(b+a\cos v+a\sin v)dv$$
$$=\cdots=6\pi^2ab^2$$

となる．(トーラスの体積が $2\pi^2ab^2$ であることを知るならば，Gauss の発散定理(4.5.3)を用いて

$$\int_S \boldsymbol{p} = \iiint_V \mathrm{div}\, \boldsymbol{p} dV = \iiint_V 3dV = 3\cdot 2\pi^2 ab^2 = 6\pi^2 ab^2$$

とすればよい).

(2)（直接面積分の計算することも可能ではあるが，Gauss の発散定理(4.5.3)を用いることにする).

$$\begin{aligned}\int_S \boldsymbol{p} &= \iiint_V \mathrm{div}\, \boldsymbol{p} dV = \iiint_V (4z + xz^2 + 3) dxdydz \\ &= \int_0^1 \left(\int_{-z}^{z} \left(\int_{-\sqrt{z^2-y^2}}^{\sqrt{z^2-y^2}} (4z + xz^2 + 3) dx\right) dy\right) dz \\ &= \int_0^1 \left(\int_{-z}^{z} 2(4z+3)\sqrt{z^2 - y^2}\, dy\right) dz \\ &= \int_0^1 (4z+3)\pi z^2 dz = \pi(1+1) = 2\pi\end{aligned}$$

4.10　関数 f，g が V で調和であるならば

$$\iint_S \left(g\frac{\partial f}{\partial \boldsymbol{n}} - f\frac{\partial g}{\partial \boldsymbol{n}}\right) dS = 0 \quad (\text{命題 } 4.7.2\,(2))$$

である. $g=1$ は調和関数であるから, 上式において $g=1$ とおくと $\iint_S \frac{\partial f}{\partial \boldsymbol{n}} dS = 0$ を得る.

索　引

あ

か

た

な

は

ま

や

ら

わ

あとがき

Gauss-Green-Stokesの定理を一応の目標にして，「ベクトル解析」を，やさしく，丁寧に，しかも可能な限り厳密な解説を与えようと努めたつもりであるが，その目的はかなり達せられたともいえるし，まだまだ遠いともいえる．原稿を書いていて気になって仕方がなかったのは，関数f，ベクトル場$\boldsymbol{a}$の定義域の問題であった．例えば，定理4.7.3において，領域V上の調和関数fとあるが，実は，fがVの内部で調和であり，V上で連続であれば十分であるのであって，境界∂V上でのfのLaplacianは不要である．このような現象は至る所で起っているが，それを本書では処理することができなかった．これは心残りではあるが，どうしようもないことでもあった．しかし，このような微妙な議論が必要になれば，それはその都度，その用途に応じて，読者各位に吟味検討して頂くことにしよう．そのために，以下に，いくつかの参考書をあげておく．[7]を境にして，上下で内容の趣きが大分異なっている．

[1]　松島与三，多様体入門，裳華房，1965.

[2]　村上信吾，多様体，共立出版，1982.

[3]　秋月康夫，調和積分論（上，下），岩波書店，1955.

[4]　藤本坦孝，現代ベクトル解析概説，サイエンス社，1976.

[5]　スピヴァック，多変数解析学（邦訳），東京図書，1972.

[6]　ニッカーソン，スペンサー，スティーンロッド，現代ベクトル解析（邦訳），岩波書店，1965.

[7]　岩堀長慶，ベクトル解析，裳華房，1960.

[8]　ゴルドファイン，ベクトル解析と場の理論，東京図書，1965.

[9]　増田真郎，ベクトル解析，培風館，1950.

[10]　鶴丸，久野，志賀野，小嶋，ベクトル解析，内田老鶴圃，1985.

[11]　本部　均，ベクトルとテンソル，至文堂，1964.

[12]　安達忠次，ベクトル解析，培風館，1950.

[13]　石原　繁，ベクトル解析，裳華房，1980.

著者紹介：

横田一郎（よこた・いちろう）

著者略歴

1926 年大阪府出身

大阪大学理学部数学科卒，大阪市立大学理学部数学科助手，講師，助教授，
信州大学理学部数学科教授を経て，退官，信州大学名誉教授．理学博士．

主　書　群と位相，群と表現　（以上裳華房）

ベクトルと行列（共著），微分と積分（共著），多様体とモース理論，
初めて学ぶ人のための群論入門，一般数学（共著），線型代数セミナー（共著），
古典型単純リー群，例外型単純リー群，やさしい位相幾何学の話，
位相幾何学から射影幾何学へ　（以上 現代数学社）

わかりやすいベクトル解析　復刻版

2022 年 8 月 21 日　初版第 1 刷発行

著　者　　横田一郎

発行者　　富田　淳

発行所　　株式会社　現代数学社

〒 606-8425 京都市左京区鹿ヶ谷西寺ノ前町 1

TEL 075（751）0727　FAX 075（744）0906

https://www.gensu.co.jp/

装　幀　　中西真一（株式会社 CANVAS）

印刷・製本　　亜細亜印刷株式会社

ISBN 978-4-7687-0589-6　　2022 Printed in Japan